Ludwig Schütz

Der sogenannte Verstand der Tiere oder der animalische Instinkt

Eine populär-naturwissenschaftliche Studie

Ludwig Schütz

Der sogenannte Verstand der Tiere oder der animalische Instinkt

Eine populär-naturwissenschaftliche Studie

ISBN/EAN: 9783845742267

Erscheinungsjahr: 2012

Erscheinungsort: Bremen, Deutschland

www.unikum-verlag.de | office@unikum-verlag.de

Ludwig Schütz

Der sogenannte Verstand der Tiere oder der animalische Instinkt

Eine populär-naturwissenschaftliche Studie

Der sogenannte

Verstand der Thiere

oder

der animalische Instinkt.

Eine populär-naturwissenschaftliche Studie

von

Dr. Ludwig Schütz,
Professor der Philosophie am Priesterseminar
zu Trier.

Paderborn.
Druck und Verlag von Ferdinand Schöningh.
1880.

Vorwort.

Im Jahre 1871 veröffentlichten wir eine Abhandlung als Doppelheft des neuerdings zu Frankfurt wiederaufgelebten Cyclus ‚Zeitgemässer Broschüren' unter dem Titel „Das Thier hat keine Vernunft". Vollständig umgearbeitet und mehr als um das Doppelte ihres früheren Umfangs erweitert tritt jene Abhandlung unter dem neuen Namen „Der sogenannte Verstand der Thiere oder der animalische Instinkt" jetzt zum zweiten Male den Weg in die Oeffentlichkeit an. Der Gegenstand, den sie beleuchten und untersuchen, erörtern und aufklären will, — die den Kreis thierischer Lebensfunktionen durchwaltende Zweckmässigkeit, — steht heutzutage im Vordergrunde der Bühne wissenschaftlicher Diskussionen, ein Beweis, welch grosse Wichtigkeit der Lösung des in ihm ruhenden Problems beigemessen wird. Leider zielen weitaus die meisten der Bücher und Broschüren, welche über diesen Gegenstand handeln, darauf ab, das Thier in Bezug auf seine Natur und Wesenheit dem Menschen gleich zu stellen, oder richtiger gesagt, den Menschen auf die Stufe des Thieres herabzuwürdigen. Aus ihnen spricht „der Geist, der stets verneint", derselbe Geist, der ehedem die Menschen mit Erfolg dazu verlockte, die entgegengesetzte Richtung, die nach oben einzuschlagen und sich Gott gleich zu stellen. Und wahrlich, nicht wenige dieser Bücher und Broschüren haben, wie die Schlange des Paradieses, etwas gar Verlockendes und Verführerisches in ihrer Erscheinung, sei es das gefällige, das gleissnerische Gewand der Sprache, in welches sie gekleidet sind, seien es die manchfachen Argumente, welche gleich falschen Edelsteinen aus ihnen hervorglitzern. Angesichts dieser traurigen Thatsache regt sich in den christlichgläubigen Kreisen der gebildeten Welt mehr und mehr das Verlangen nach Schriften, welche den Büchern und Broschüren der ungläubigen, der materialistischen Gegner ein Paroli zu bieten und ihre Scheinargumente zu unterminiren, zu stürzen im Stande sind. Dieses Verlangen, welches immer tiefer geht und immer weiter seine Kreise zieht, bildete auch für unsere Abhandlung den Anlass zu ihrer Abfassung und Veröffentlichung. Möge dieselbe in ihrer neuen Form und Gestalt Vielen eine willkommene Erscheinung sein.

Trier, den 31. März 1880.

Der Verfasser.

Einleitung.

1. Verstand oder Instinkt, das ist die Frage, wenn es sich darum handelt, das Thierleben in seiner vielgestaltigen, nicht selten ganz wunderbaren Zweckmässigkeit oder Zielstrebigkeit[1]) zu erklären. Wie oft schon entspann sich in unserer Zeit bei Ventilirung dieser Frage ein heftiger Kampf zwischen den Streitern für die lautere Wahrheit und echte Wissenschaft einerseits und den Söldnern einer vorgefassten Meinung oder einer falschen Aufklärung anderseits! Hell tönte das Klirren der Geistesschwerter, es schwirrten die Speere und Pfeile der Wissenschaft durch die Lüfte, und prasselnd sanken oftmals die getroffenen Feinde der Wahrheit und des christlichen Glaubens vom hohen Streitrosse in die Arena herab. Aber jedes Mal erhoben sie sich wieder, sammelten ihre Kräfte und suchten andere Waffengefährten, um mit ihrer Hülfe den Ringkampf von Neuem zu beginnen.

2. Ehedem war es nicht so. In den Tagen der christlichen Vergangenheit herrschte bei Lösung obiger Frage friedliche Ruhe und volle Einmüthigkeit, indem man den Thieren

[1]) Dr. Karl Ernst von Baer schlägt in seinen ‚Studien aus dem Gebiete der Naturwissenschaften‘ (Petersburg. 1876. S. 82) vor, in naturwissenschaftlichen Darstellungen, besonders wenn sie Einzelheiten betreffen, die Ausdrücke „Ziel“, „zielstrebig“ und „Zielstrebigkeit“ statt der Ausdrücke „Zweck“, „zweckmässig“ und „Zweckmässigkeit“ einzuführen, weil erstere Ausdrücke weniger an einen selbstgefassten Beschluss erinnerten, und meint, dass „der Sprachgebrauch diesen Unterschied von Zweck und Ziel sanktionirt habe.“ Mit seiner Meinung dürfte er aber so ziemlich allein dastehen.

zuerkannte, was des Thieres, und dem Menschen, was des Menschen ist, dem Menschen den Verstand und an dessen Stelle dem Thiere den Instinkt. Es war Dies die Zeit, in welcher zwischen der christlichen Theologie und den übrigen Wissenschaften des Menschen noch eine heilige Allianz bestand, in welcher, wie über andern Wissenschaften, so auch über der Naturwissenschaft noch das geweihte Banner der Kirche wehte. In jener Zeit lehrte z. B. der h. Thomas von Aquin, ob der Fülle und Erhabenheit seiner Kenntnisse der Engel der Schule genannt, ausdrücklich: „Die Thiere werden durch eine Art von natürlichem Instinkt zu ihren Thätigkeiten getrieben, jedoch den Menschen leitet in seinem Wirken das Urtheil der Vernunft."[1] Und was er, der Heerführer und Schildträger der katholischen Wissenschaft, ausgesprochen, das ging gleich einer Parole durch alle Reihen und Glieder der geistigen Streitmacht des Mittelalters hindurch, wie von einem nicht endenden Echo wurde es in allen Schulen freudig wiederholt, aber freilich nicht etwa desshalb, weil man blindlings auf das Wort des Meisters geschworen hätte, sondern weil man an seiner Lehre das Siegel der Wahrheit hängen sah.

3. Dass seit dem Aufdämmern der neuern, namentlich seit Anbruch der neuesten Zeitepoche mit jener wohlthuenden Einmüthigkeit allmälig aufgeräumt worden, hat seinen tiefsten und letzten Erklärungsgrund in der Stellung, welche die Gegner der mittelalterlichen Lösung unserer Frage zum Christenthum und zur Kirche einnehmen. Mit Gott und der Religion zerfallen, mit den christlichen Glaubens- und Sittenlehren in Zwiespalt gerathen, erachteten sie es selbstverständlich für unwürdig, dass Naturwissenschaft und Philosophie zur Theologie noch ferner in einem Verhältnisse der Suzernänität und Botmässigkeit stünden, dass sie ihr, wie man vermeinte, Frohndienste leisteten. Mit kühner und verwegener Hand rissen sie das Banner der Kirche herunter, welches bis dahin allenthalben über den Profanwissenschaften als Zeichen liebevollen Schutzes und wohlwollender Pflege geflattert hatte, und hissten dafür bald hier bald dort,

[1] Expos. in 1. anal. post. Arist. lect. a.

wo sie die Macht in Händen hatten, die Tricolore der Freiheit und Gleichheit auf. Selbständig sollten hinfüro Philosophie und Naturwissenschaft in ihren Bahnen kreisen. Hätte man es nun noch bei der blossen Emanzipation der Wissenschaften bewenden lassen! Diese würden, bei vorurtheils- und zwangloser Forschung sonder Zweifel zu den Resultaten hingeführt haben, welche schon das Heidenthum vor dem Aufleuchten des Christenthums mit Hülfe der reinen Vernunfterkenntniss aufgefunden, sie würden unter Anderm von Neuem die Lehre des Aristoteles, des Meisters der Wissenden, wie ihn Dante in seiner ‚göttlichen Komödie' nennt, bestätigt haben, die nämlich, dass der Mensch von allen Erdenwesen die vollkommenste Natur besitzt, weil ihm allein das Vermögen des Verstandes oder der Vernunft und desshalb auch ihm allein eine geistige und unsterbliche Seele eignet, wodurch er selbst über das Thierreich weit hinausragt. Aber nein; die emanzipirten Wissenschaften zwängte man auch noch in das Joch vorgefasster Meinungen und Wünsche hinein, diesen sollten sie fürderhin dienstbar werden. Vor Allem sollten sie dazu hülfreiche Hand leisten, den Glauben an die Geistigkeit und Unsterblichkeit der menschlichen Seele um jeden Preis aus der Welt zu schaffen und mit ihm zugleich die erschreckende Perspektive in das jenseitige Leben und in dessen ewige Vergeltung abzusperren, auf dass man endlich ohne die leidigen Gewissensvorwürfe den Lüsten eines Gott entfremdeten Herzens nachgehen und fröhnen könnte. Zu dem Ende gaben sich die Materialisten alle erdenkliche Mühe, die weite Kluft zwischen Thier und Mensch künstlich zu überbrücken oder womöglich gänzlich auszufüllen, indem sie das Thier zum Menschen oder diesen zu jenem gewaltsam herüberzogen und dann ihre Grenzlinien verwischten. Sie versuchten mit andern Worten den Nachweis, dass zwischen Mensch und Thier keine Verschiedenheit der Natur, sondern bloss eine solche im Range, kein wesentlicher, sondern nur ein gradueller Unterschied obwalte, und wiesen zu dem Behufe mit einer grossen Vorliebe auf die vermeintliche Thatsache hin, dass ja auch das Thier an dem Verstande des Menschen, bis zu einem gewissen Grade wenigstens, partizipire. Und in der That, wenn dieser Nachweis dem menschlichen Wahnwitze einmal gelänge, so wäre es im selben Augenblick um den Glauben an die Geistigkeit der menschlichen Seele, an ein Fortleben derselben jenseits des Grabes, an eine ewige Vergeltung, kurz an das ganze Reich des Uebersinnlichen und Uebernatürlichen geschehen; für den Menschen wäre, wie für das Thier, wie man zu sagen pflegt, mit dem Tode auf ein Mal Alles aus, und man könnte schier sich die krassen Worte zu eigen machen, welche Schiller im vierten Akte seiner ‚Räuber‘ dem Franz Moor in den Mund legt: „Der Mensch entsteht aus Morast, und watet eine Weile im Morast, und macht Morast, und gährt wieder zusammen in Morast, bis er zuletzt an den Schuhsohlen seines Urenkels unflätig anklebt. Das ist das Ende vom Lied — der morastige Cirkel der menschlichen Bestimmung.“

4. Für den gläubigen Christen ist es nun zwar eine ausgemachte Sache, dass der von den Materialisten angestrebte Beweis niemals gelingen wird, und sieht er desshalb ihrer Sisyphusarbeit mit verschränkten Armen und grosser Seelenruhe, ja sogar mit einem mitleidigen Lächeln zu. Ihm ist der Adel und die Hoheit der menschlichen Seele göttlich verbürgt und verbrieft. Insofern bedürfte es für ihn also auch keiner wissenschaftlichen Rechtfertigung oder Bestätigung seines Glaubens an den wesentlichen Unterschied zwischen Mensch und Thier, und noch weniger einer Bekämpfung der Materialisten, einer Widerlegung der Gründe, worauf sie ihre Lehre stützen. Andere Rücksichten giebt es aber, welche all Dies gebieterisch fordern. Dahin gehört ein Mal die Rücksicht auf den Umstand, dass der Mensch mit seiner Vernunft Dasjenige zu begreifen und zu wissen strebt, was ihm als merkwürdige Thatsache entgegentritt. Auf dem weiten Gebiete der Natur gegenüber ihren vielen staunenswerthen Erscheinungen macht dieser Wissenstrieb sich am ersten und am meisten geltend, so zwar, dass ihm, wie schon Plato und Aristoteles ausdrücklich hervorhoben, die Philosophie ihren Ursprung verdankt. Aber auch selbst an der Schwelle des Uebernatürlichen kennt er keinen Halt,[1]) und ist

[1]) „Cognitio fidei non quietat desiderium, sed magis ipsum accendit, quia unusquisque desiderat videre, quod credit.“ S. Thomas: S. c. g. III. 40.

ja gerade desshalb auf dem Gebiete der gottgeoffenbarten Wahrheiten die Forschung und Spekulation entstanden, welche kein anderes Ziel im Auge hat, als dies, die wunderbaren Thatsachen der positiven Offenbarung der menschlichen Fassungskraft näher zu rücken. So kommt es denn, dass auch der gläubige Christ die Zweckmässigkeit im Leben der Thiere vor das Forum der natürlichen Wissenschaft ziehen und nach einer Vernunft-Erklärung derselben sich umsehen muss, welche ihm seinen Glauben an die Superiorität der Menschennatur, wie über die Natur der leblosen und sinnlosen Wesen, so auch über die der Thiere vollauf bestätigt, der entgegenstehenden Lehre der Materialisten aber das Brandmal der Lüge aufdrückt. Ein zweiter Umstand sodann, welcher es erheischt, dass auch der gläubige Christ mit den Materialisten handgemein werde und sich mit ihnen messe, ist die Rücksicht auf deren selbsteigenes Interesse sowie auf das Interesse der Wahrheit. Ehrenpflicht für den Menschen ist es nämlich, in allen wissenschaftlichen Fragen, welche die Geister bewegen, an seinem Theile dazu beizutragen, dass die Wahrheit allerorts zum Durchbruch und zur Anerkennung gelange, dass auch die anfänglichen Gegner derselben schliesslich ihr freudig zustimmen, diejenigen wenigstens, welche guten Willens sind und vor den Konsequenzen ihrer Zustimmung nicht zu fürchten brauchen. Diesem Zwecke wird man am ehesten und leichtesten wohl dadurch dienen, dass man als Ritter ohne Furcht und Tadel auf die Arena, in welcher der Gegner sich bewegt, hinabsteigt und mit Waffen gleicher Art gegen ihn kämpft; naturgemäss liegt darin für ihn eine captatio benevolentiae. Im vorliegenden Falle wäre es sonach nöthig, dass man sich mit den Materialisten auf den Boden der rein wissenschaftlichen Naturbetrachtung stelle und unläugbare Thatsachen aus dem Kreise des Thierlebens herausgreife, um sie zur Bekämpfung ihrer Lehre zu verwerthen, wonach auch dem Thiere das Vermögen des Verstandes zukommen soll. Vielleicht wird es dabei der Zufall wollen, dass diese und jene Thatsache, welche den Materialisten als Angriffs- und Vertheidigungswaffe diente, gleich dem Schwerte Goliaths sich umkehren lässt, um ihrer Lehre das Lebensmark zu durchschneiden.

5. Aus beiden Rücksichten wollen denn auch wir den Fehdehandschuh aufnehmen, welchen die Materialisten der Menschheit hingeworfen haben, auch wir wollen auf der Arena der Naturwissenschaft eine Lanze für die Lehre brechen, dass der Mensch in seinem Vermögen des Verstandes oder der Vernunft gegenüber dem Thiere ein Privileg besitzt, wodurch er sich von ihm im tiefinnersten Kerne seiner Wesenheit himmelweit unterscheidet. Ohne Zweifel ist dies ein Kampf ums Dasein, ums Dasein der geistigen Menschennatur, gewissermassen ein Kampf um den heimischen Heerd und, wenn man will, auch für die Wahrheit des christlichen Glaubens. Es dürfte daher wohl nicht so ganz mit Unrecht die Mahnung eines der gewaltigsten Vorkämpfer des christlichen Glaubens hier Platz greifen. „Stehet fest," so sagt der h. Paulus,[1]) „eure Lenden mit der Wahrheit umgürtet und angethan mit dem Panzer der Gerechtigkeit, und die Füsse beschuhet mit der Bereitschaft des Evangeliums des Friedens; vor Allem ergreifet den Schild des Glaubens, mit welchem ihr vermöget, alles feuerige Geschoss des Bösen zu löschen; nehmet auch den Helm des Heils und das Schwert des Geistes, welches ist das Wort Gottes." In der That, nach seiner Mahnung wollen wir kämpfen oder sie wenigstens als leuchtendes Panier vor Augen halten, während wir den Kampf führen. Da es sich aber dabei um ein so hohes und hehres Ziel handelt, um ein Ziel, welches „des Schweisses der Edeln werth" ist, so versteht es sich ganz von selbst, dass man, ohne einen detaillirten Feldzugsplan entworfen zu haben, nicht ausrücken darf.

6. Unser Plan sei folgender. Vor Allem wird es darauf ankommen, die Stärke des Gegners kennen zu lernen und seine Stellungen zu rekognosziren; wir lassen zu dem Ende die hauptsächlichsten Thatsachen in geordneten Reihen an uns vorbeidefiliren, welche den Schein erwecken, als ob die Thiere Vernunft oder Verstand besitzen. Abgesehen davon, dass wir durch dies Verfahren den Materialisten wohlwollend entgegenkommen, bieten wir zugleich eine Gelegenheit dar, in anschaulichen

---

[1]) Ephes. 6. 14—17.

Bildern die Weisheit Desjenigen wiederzuerkennen, der da Alles nach Mass und Zahl und Gewicht angeordnet hat. Alsdann werden wir eine festgeschlossene Truppe von Thatsachen aus dem Leben der Thiere ins Feld und Feuer führen, denen die materialistische Hypothese von dem Verstand der Thiere absolut keinen Widerstand zu leisten vermag, weil nämlich diese Thatsachen zu einem verstandesmässigen Wirken in schnurstrackem und diametralem Gegensatze stehen; unter ihrer wuchtigen Schwere muss die Hypothese der Materialisten kraftlos in ihr Nichts zusammenbrechen. Endlich werden wir zur Erklärung der Thätigkeiten der Thiere, aus welchen eine menschenähnliche Zweckmässigkeit hervorleuchtet, eine andere Hypothese aufstellen, welche nicht etwa bloss die nämliche Berechtigung aufweisen kann, wie die der Materialisten, sondern eine noch weit höhere, weil sie viel mehr, oder besser gesagt, weil sie ganz allein dem zu erklärenden objektiven Thatbestand gerecht wird, — die Hypothese, dass die Thiere innerhalb des gesammten Umkreises ihres zweckmässigen Thuns und Treibens von einem angeborenen, natürlichen Instinkte geleitet werden. Und nun hinaus zum ernsten Streite, zum Kampfe für Wahrheit und Wissenschaft.

I.

Verstandesmässig aussehende Thätigkeiten im Kreise des Thierlebens.

1. Thierpsychologische Schriften erzählen nicht selten die merkwürdigsten und wunderlichsten Vorkommnisse aus der Lebenssphäre einzelner Thiere, Vorkommnisse, welche ihrem äussern Ansehen nach mit dem vernünftigen Handeln des Menschen eine ganz frappante Aehnlichkeit haben. Diejenigen, welche es nicht unter des Menschen Würde erachten, dass er mit dem Thiere das Vermögen der Vernunft oder des Verstandes theile, benutzen mit grosser Vorliebe die Erzählungen solch angeblicher Vorgänge, um darauf wie auf ein unentwegbares Fundament ihr Urtheil, eigentlich ihr Vorurtheil, zu stützen. Wir aber gehen an denselben vorüber, ohne irgend welche Notiz von ihnen zu nehmen, geschweige denn eine Erklärung der in ihnen enthaltenen Thatsachen zu versuchen. Dazu bestimmen uns hauptsächlich folgende zwei Gründe.

Zunächst halten wir eine Menge derartiger Erzählungen über ausserordentliche Leistungen einzelner Thiere entweder ihrer ganzen Substanz oder doch wenigstens ihrem Haupttheile nach für Machwerke der Dichtung und Täuschung. Indem wir dieses harte Urtheil aussprechen, wollen wir freilich, um über das Ziel nicht hinauszuschiessen, gerne einräumen, dass Viele nur desshalb täuschen, weil sie selbst getäuscht, durch Andere in Irrthum geführt worden. Dies gilt z. B. von dem verstorbenen Fr. Daumer, der sich in seiner Gutmüthigkeit so viele unglaubliche und unwahre Thiergeschichten erzählen liess und sie mit festen Glauben daran in einem seiner zwanglosen, ‚Aus der Mansarde‘ betitelten Hefte auch veröffentlichte. Was sodann den andern, vielleicht grösseren Theil jener Erzählungen über höchst sonderbare Vorgänge im Thierleben betrifft, so mögen sie immerhin einen thatsächlichen Hintergrund haben, sie mögen auch in der Form, womit sie uns gegenüber treten, von der Liebe zur Wahrheit eingegeben sein; trotzdem können wir nicht umhin, ihnen nur einen geringen wissenschaftlichen Werth beizulegen, weil es uns just bedünkt, als ob die Autoren derselben aus Mangel an Sach- und Fachkenntniss meistens nicht im Stande gewesen wären, mit solcher Vorsicht, Umsicht und Einsicht das Thierleben zu beobachten, dass man die Resultate ihrer Beobachtung für den treuen Reflex des objektiven Thatbestandes, frei von jedem Irrthum und jeder subjektiven Färbung, halten dürfte.[1]) Zum grossen Glück haben wir auch gar nicht nöthig, den von uns in erster Linie intendirten Beweis an ausserordentliche Leistungen einzelner Thiere anzulehnen; wir sind schon dann vollkommen in der Lage, überzeugend darzuthun, dass das Thier durch die Art und Weise seiner Thätigkeit den Schein einer ihm innewohnenden Vernunft erweckt, wenn wir aus dem weithin ausgedehnten Kreise des Thierlebens solche auffallende Erscheinungen ausheben und zusammenstellen, welche sich bei allen Individuen einer Art ganz in derselben Form beobachten lassen und desshalb als wissenschaftlich ausgemachte Thatsachen gelten dürfen. Gehen wir zu dem Ende zuerst das Einzelleben und sodann das gesellige Leben der Thiere in seinen Haupt- und Grundzügen durch.

[1]) Wort für Wort kann man unterschreiben, wenn es heisst: „Es liegt im Menschen tief begründet eine Neigung, seine eigenen Zustände, Empfindungen, Gefühle, Begehrungen und Interessen mit den Wahrnehmungen und Vorstellungen der Dinge in der Aussenwelt zu verbinden und diese Zustände den Dingen als ihnen zugehörige zuzuschreiben. Den psychischen Prozess, in welchem diese Neigung wurzelt, kann man am besten als eine Neigung zur Vergeistigung der Aussenwelt bezeichnen. Derselbe wirkt selbstverständlich am stärksten da, wo die bezüglichen Dinge für lebendig und selbstempfindend, für wahrnehmend und in gewissem Sinne vorstellend gehalten werden, und sich also auch zu einem nähern Umgange eignen, als dies mit ganz todten Dingen möglich wäre, und zu denen namentlich in Folge eines anhaltenden Verkehrs, einer anhaltenden Sorge um sie eine Art von Zuneigung erwächst. Dieser Fall trifft nun vollständig zu, wenn der Mensch mit Thieren verkehrt, namentlich mit solchen, die er

a) Das Einzelleben der Thiere.

2. Jedes Thier sucht und findet, ist es sich selbst und seiner Wahl überlassen, jedes Mal denjenigen Aufenthaltsort, welcher den Bedürfnissen und Neigungen seiner Natur am meisten konvenirt, welcher für seine Existenz wie für sein Wohlbefinden der zweckmässigste ist: der Hirsch im kühlen Schatten des Waldes und der Löwe im heissen Sand der Wüste, die Eule in dunkeln Höhlen und der Adler auf sonnigen Felsen, die Gemse auf steilen Bergen und der Molch in feuchten Löchern, die Bohrmuschel im harten Gestein und die Trichine in den weichen Muskeln. Viele Thiere begnügen sich aber nicht damit, einen so oder so bestimmten Bezirk der freien Natur zu ihrem Aufenthaltsorte zu erwählen, sie bauen sich an demselben nach Art der Menschen auch noch eigene Wohnstätten, die ihnen einerseits als Ort der Ruhe und des Schlafes dienen und sie anderseits gen Ungemach der Witterung wie gegen Feindes Ueberfall schützen sollen. Welt-

entweder des Nutzens oder eines Vergnügens wegen, das er an ihnen findet, in seine Nähe gezogen hat. In solchen Fällen schüttet der Mensch allmälig einen grossen Theil seiner eigenen Gedanken, Gefühle und Interessen gleichsam in das Thier hinein und übernimmt dann selbstverständlich auch die Rolle, das dem Thiere zugeschriebene geistige Verhalten wieder auf sich zurückwirken zu lassen. Der Mensch treibt gleichsam mit sich selbst im Innern des Thieres ein Frage- und Antwortspiel und erlebt eben hierbei nochmals eine eigene Freude. Was weiss nicht Alles ein Kutscher, der sein Pferd liebt, ein Jäger, dem der Hund ein theures Besitzthum ist, eine unverheirathete Dame ihrem Kanarienvogel oder ihrem Papagei, ihrem Schooshündchen zu erzählen und ihm anzudichten, und wie tief lebt sich der Mensch in die Einbildung hinein, dass das Alles von dem Thiere verstanden und von ihm gefühlt und gedacht und gewollt und von ihm erwiedert werde, was er ihm in solcher Art selbst entgegengebracht, ihm zugeschrieben und wieder von ihm zurückgenommen hat!" Ganz unzweifelhaft haben hierin sehr viele Erzählungen, in welchen geistige Eigenschaften von Thieren geschildert und gepriesen oder auch getadelt werden, ihren Ursprung: sie sind Wirkungen der Vermenschlichung des Thieres durch den Menschen, und an und für sich weit davon entfernt, wirkliche Thatsachen, die den Thieren als solchen zugehören, auszudrücken." L. Strümpell: Die Geisteskräfte der Menschen, verglichen mit denen der Thiere. Leipzig. 1878. S. 10 f.

bekannt ist Dies von dem Eichhörnchen, dem Maulwurf, dem Biber, der Flussotter, dem Murmelthier, der Zwerg- und Haselmaus, dem Dachs, dem Fuchs, dem Kaninchen und andern Säugethieren. Ebenso bekannt ist es, dass manche dieser Thiere, z. B. der Biber, mit den wenigen ihnen angeborenen Instrumenten ganz umfangreiche Bauwerke ausführen, welche an sinnreicher und zweckmässiger Einrichtung den menschlichen Wohnungen um Nichts nachstehen und mit allem Rechte Staunen und Bewunderung erregen. Aber nicht bloss die höheren und vollkommneren Thiere, auch solche von tieferer Stufe der Organisation haben ausgezeichnete Architekten in ihrer Mitte aufzuweisen. Wer hätte z. B. von den kunstvollen Bauten der Hausspinnen, Bienen, Ameisen und Terniten nicht schon des Weiten und Breiten gehört! Neben ihnen sind auch noch viele andere Insekten ob ihrer technischen Fertigkeit lobend zu erwähnen. So spinnt z. B. die Wasserspinne (Argyroneta aquatica) unter dem Spiegel des Wassers aus sich heraus eine luft- und wasserdichte Glocke, leitet durch einen zu diesem Zwecke angefertigten Schlauch Luft von oben hinein, die das Wasser durch eine unterhalb angebrachte Oeffnung hinausdrängt, und lebt dann in dieser Taucherglocke ganz behaglich, um dieselbe nur dann zu verlassen, wenn sie auf Raub ausgeht. Die Minirspinne (Ctmiza fodiens) des südlichen Frankreichs gräbt sich in steilen Mergelwänden eine Wohnung, bestehend aus aufwärts steigenden 2 Fuss langen und 1½ Zoll breiten Gängen, und tapezirt sie mit weissem Atlasgewebe, welches keine Feuchtigkeit durchlässt; um sie absperren zu können, bringt sie an der Oeffnung des Hauptganges eine aus Schichten von Erdmörtel und Fäden abwechselnd gebildete, in einem Scharnier gehende und sehr dicht schliessende Fallthür an, welche sie von innen sofort zudrückt, wenn etwas Fremdes eindringen will. Die Papier- oder Pappwespe (Vespa chartaria) Amerikas baut sich aus einem Brei, den sie mit Wasser und Holzfasern gebildet, ein Nest in Form einer hohen Glocke, deren Mündung ein Deckel mit einer darein eingelassenen Ein- und Ausgangs-Röhre von fast Fingers Dicke und von 2—3 Zoll Länge schliesst, und hängt es mit feinen Fäden an Baumzweigen auf. Die Wände des Nestes gleichen dem

Kartenpapier oder dem Pappendeckel. Oken sagt darüber in seiner Naturgeschichte: „Man gebe einem Papiermacher, ohne ihm etwas zu sagen, dieses Gefäss (d. i. das Nest) in die Hand, so wird er es drücken, wenden und zerreissen, ohne dass es ihm in den Sinn kommt, dass jemand anders als seines Gleichen es hätte verfertigen können.“ Ja, auch selbst in der Klasse der Weichthiere giebt es Nestbauer, so z. B. die Feilenmuschel (Lima hians), welche Steinchen, Stückchen von Korallen, Muscheln und Holz durch Byssusfäden mit einander zu einem Neste für sich verbindet.

3. Verlassen die Thiere ihren Aufenthaltsort, etwa um auf Nahrung auszugehen, oder um für eine Zeit lang in andere Gegenden auszuwandern, oder weil sie mit Gewalt vertrieben werden, so finden sie denselben, heimwärtskehrend, mit der grössten Leichtigkeit wieder, die Fälle natürlich abgerechnet, dass die Elemente der Natur und andere unübersteigliche Hindernisse ihnen die Rückkehr versperren oder eine grosse Entfernung und sonstige Ursachen alle Spur des gemachten Weges in ihrem Gedächtnisse verwischt haben. Hören wir nur einige frappante Beispiele. Hat die Biene aus Blüthen und Blumen ihr Honigquantum gesammelt, so fliegt sie, mag sie sich auch eine halbe Stunde weit und weiter noch von ihrem Korbe entfernt haben, in grader Linie zu ihm hin, selbst wenn er ihrem Auge durch viele Hecken, Gesträuche und Bäume verdeckt ist. Diesem merkwürdigen Umstande verdanken die Honigjäger in Neu-England die Methode, das Nest der wilden Stockbienen zu entdecken. An einem heitern Tage setzen sie nämlich auf die Erde einen Teller mit Honig oder Zucker, der von den Bienen alsbald entdeckt wird. Nach einer kurzen Weile fangen die Jäger einige Bienen, welche sich voll gesogen haben, lassen eine davon fliegen und merken sich genau die Richtung ihres Fluges. Alsdann entfernen sie sich in querer Richtung etliche 100 Schritte von ihrem Standorte, lassen wieder eine von den eingefangenen Bienen davonfliegen und notiren sich auch deren Flugbahn. Der Punkt nun, wo die beiden Fluglinien sich schneiden, bezeichnet die Stelle, wo die Jäger das Nest mit dem Honig sicher antreffen. Wie die Biene, so kehrt auch die Monedula, ein Insekt

an den Ufern des obern Amazonenstromes, von ihren grössten Ausflügen, die wenigstens eine halbe Meile betragen, jedes Mal geraden Weges zu ihrem Nest zurück. Angesichts solcher Erscheinungen ist gewiss Mancher versucht, einem englischen Naturforscher beizustimmen, wenn er sagt: „In der That, einige Handlungen der Bienen würden, wenn sie der Mensch statt eines jener niedern Thiere vollbrächte, für nichts Geringeres, als für ein Wunder gehalten werden.“ Doch hören wir weiter.

„Der Lachs, wie alle andern Zugfische, ist seinem Geburtsorte und seinem früheren Aufenthaltsorte treu; es ist bekannt, dass in Fällen, wo mehr als ein Lachsstrom in einen und denselben Meeresarm fällt, die Fische des einen Stromes nicht in einen andern gehen, und wo der Strom verschiedene zu Brütungszwecken geeignete Nebenflüsse hat, die in einem besondern Nebenfluss brütenden Fische stets in diesen zurückkehren.“ Ganz das Nämliche kann man bei den Zugvögeln beobachten, nur in noch auffallenderer Weise. Die meisten unserer Zugvögel wandern Hunderte von Meilen über Gebirge und Thäler, über Land und Meer, bald in der Nacht und bald am Tag, um in den verschiedenen Ländern Afrikas, besonders aber im üppigen Nilthale ihr Winterquartier aufzuschlagen, und trotz alledem finden sie im Frühlinge mit Leichtigkeit und Sicherheit ihre Heimat wieder, wo Alles ein anderes Aussehen hat, als im Herbste. Dass aber auch ganz dieselben Individuen zurückkehren, welche im Herbste unsere Gegenden verliessen, beweisen manche Fälle zur Evidenz. „So stellte sich mit jedem Frühjahr in demselben kleinen Wäldchen,“ wie Professor Altum erzählt[1]) „ein Kukuk ein, dessen Stimme um eine halbe Terz von dem normalen Rufe abwich, ein Spottvogel in einem kleinen Gebüsche, dessen schlechter Gesang in ganz eigenthümlicher Weise verkümmert war u. s. w.; hier ist doch wohl nicht an verschiedene Vögel zu denken, die zufällig auf gleiche Weise durch ihre Stimme gekennzeichnet waren. Auch beweist unsern Satz die Thatsache, dass dort, wo Unberufene solche Vögel, die einsam mit bestimmt abgegrenztem Reviere leben, abschossen, von da ab diese frühere Brutstelle

[1]) Siehe die Zeitschrift ‚Natur und Offenbarung.‘ Münster. Jahrg. 1856. S. 231 f.

mehre Jahre unbesetzt blieb, bis erst später andere davon Besitz nahmen. Dieselben Vögel also gelangen wieder zu derselben Stelle.“ Uebereinstimmend damit berichtete im Mai 1878 die Rhein- und Ruhr-Zeitung: „Die dressirte Nachtigall des Herrn A. Josten in Dinslaken hat zum dritten Male ihre Doppeltour über das Mittelmeer glücklich zurückgelegt und ihr altes Revier wieder aufgesucht. Was sie am Rhein lernte, hat sie in Afrika nicht vergessen. Auf das Signal der Schaffnerpfeife fliegt sie herbei und nimmt mit dankenden Knixen (?) die Mehlwürmer in Empfang, die der freundliche Pfleger ihr auf ein Tischchen in der Nähe einer Laube hinsetzt.“ Aber noch nicht genug des Staunenswerthen bei den Thieren im Auffinden ihrer Heimat! Transportirt man z. B. Brieftauben in dunkel behangenen Käfigen nach weitentlegenen Orten, und zwar so, dass die Käfige während der Fahrt oftmals hin und her gedreht werden, so fliegen dieselben, sobald man sie entlässt, erst einige Mal im Kreise umher und dann in gerader Linie der verlassenen Heimat zu. Das Gleiche vollbringen die Hunde unter denselben ungünstigen Verhältnissen. Hieher rechnet auch Dasjenige, was Burdach von einer Seeschildkröte erzählt, die bei der Insel Ascension gefangen worden war. Nachdem auf ihren Rückenschild Buchstaben und Zahlen eingebrannt waren, wurde sie an der Küste von England wieder ins Meer gelassen. Zwei Jahre später fing man sie zum zweiten Male bei der Insel Ascension.

4. Jede Thierart, Ausnahmen sind selten, lebt von einer ganz bestimmten Nahrung, welche sie ganz entsprechend ihrer besondern Natur und ihren eigenthümlichen Kau- und Verdauungsorganen entweder bloss aus dem Pflanzenreiche, oder bloss aus dem Thierreiche, oder aus Beiden zugleich mit Sicherheit herausfindet. Die Polypen nähren sich bloss von Infusionsthierchen und die Regenwürmer bloss von faulenden Pflanzenstoffen, die Egel bloss vom Blut der Thiere und die Schmetterlinge bloss von Blumensaft, die Fischottern bloss von Fischen und die Schwalben nur von Insekten, die Wiederkäuer bloss von Pflanzen und die Raubthiere nur von Thieren; die Raben aber sowohl von Körnern und Sämereien, als von Würmern und Fleisch, und ebenso die Hunde und Katzen ebenso von vegetabilischen

als von thierischen Stoffen. Die ihnen schädlichen und gefährlichen Stoffe wissen die Thiere mit vielem Geschick zu vermeiden, auch schon dann, wenn sie zum ersten Male denselben begegnen. Das Rind frisst keine Herbstzeitlose, und der Alpenhase nicht den Sturmhut und Storchschnabel; der Affe, auch der durch seinen Aufenthalt bei Menschen verwöhnte, wirft die giftigen Früchte, welche man ihm darreicht, mit Geschrei weg, wesshalb man ihn auch in den Urwäldern als einen Vorkoster der Früchte gebraucht.

Im Zustande der Unpässlichkeit oder Krankheit geniessen manche Thiere eine von der gewöhnlichen ganz abweichende Nahrung, welche ihnen zugleich als Heilmittel dient. So fressen die Hunde, wenn sie sich den Magen verdorben haben, öfters Gras, besonders Quecken oder Stachelkräuter, welche ein Erbrechen oder Abführen verursachen. Die Katzen machen es geradeso. „Der Schlangensperber (Huaco) in Choko, welcher Giftschlangen zu seiner Hauptnahrung wählt, frisst, so oft er von einer solchen gebissen wird, einige Blätter des Vejuco (Mikania Huaco). Ein Neger, der dieses beobachtet hatte, machte die Entdeckung, dass der Saft dieser Schlingpflanze das Schlangengift unwirksam macht. Seit dieser Erfahrung wird der Vejucosaft als das bewährteste unter allen Heilmitteln gegen den giftigen Schlangenbiss angewendet.“[1])

5. Die Thiere bedienen sich der geeignetsten Mittel, um ihre Nahrung zu gewinnen. So setzen sich die Bienen und Hummeln auf die Unterlippe der Blumen des Löwenmaules, öffnen dadurch die Blumen und erreichen den Honig; bei den Balsaminen beissen sie ein Loch in den spornartigen Anhang der Blumen, um zu dem Honig zu gelangen. Alle Thiere, welche sich ihre Nahrung erbeuten müssen, entwickeln dabei, jedes auf andere Art, eine ganz erstaunliche List und Geschicklichkeit. „Der Ameisenlöwe macht eine trichterförmige Grube in den Sand und verbirgt sich in der Tiefe, bis ein Opfer in dieselbe hineinfällt. Sucht die Ameise sich an der

---

[1]) Aug. Nathan Böhner: Naturforschung u. Kulturleben. Hannover. 2. Aufl. 1864. S. 91.

Seite emporzuarbeiten, so wirft er eine Menge Sandkörner nach ihr, um sie zu betäuben und ihr Herabfallen auf den Grund des Trichters zu bewirken, wo er seine Zangen bereit hat. Der Spritzfisch im Ganges, der sich von Insekten nährt, spritzt Wassertropfen auf die Insekten, die er an den Wasserpflanzen sitzen sieht, damit sie herabfallen, und verfehlt auf eine Entfernung von mehreren Fussen selten seine Beute."[1]) Will der Hummer eine Auster erhaschen, so legt er sich still neben sie und schiebt jedes Mal, wenn sie ihre Schalen öffnet, schnell ein Steinchen hinein, bis endlich die Auster nicht mehr ihr Haus schliessen kann und sich wehrlos gefangen geben muss. In gleicher Weise werden die Austern von den Affen auf der Sierra Leona-Küste Guineas gefangen. Der Polyp erregt mit seinen Fangarmen einen kleinen Wasserstrudel, um die durch sein blosses Gefühl wahrgenommenen Infusionsthierchen sich zu nähern und dann zu umarmen und aufzusaugen. Die Ameise, welche eine besondere Vorliebe für zuckersüsse Säfte hat, gewinnt dieselben unter Anderm auch durch Melken der Blattläuse. Sie stellt sich nämlich hinter eine solche und berührt deren Körper abwechselnd mit ihren Fühlern so geschwind, wie man etwa einen Triller auf dem Klavier schlägt. Dann giebt die Blattlaus aus den an ihrem Hintertheile emporgerichteten Röhrchen sogleich einen Tropfen Saft von sich, den die Ameise verschluckt. Das nämliche Manöver wiederholt die Ameise an verschiedenen Blattläusen der Reihe nach, bis sie gesättigt ist. Die Katze harrt todtstill vor dem Mausloch, macht sich klein, indem sie sich zusammenduckt, bleibt auch dann noch regungslos, wenn die Maus schon halb aus dem Loch herausschaut, und springt erst mit einem Satz auf dieselbe, wenn sie sich arglos vom Loche entfernt hat. Der Eisbär kriecht ganz sachte über das Eis hin und sucht im Sprung den sich sonnenden Seehund zu ergreifen, oder er schwimmt unter dem Wasser bis zum Loche im Eise, welches der Seehund gemacht hat und neben welches er sich legt, überrascht und packt ihn. Der Tiger naht immer von hinten seinem Opfer und tödtet es mit einem einzigen Biss

---

[1]) Böhner: A. a. O. S. 92 f.

in den Hals oder Schlag in den Nacken, wodurch ihm entweder die Schlüsselbein-Arterie geöffnet oder das Genick gebrochen wird. „Die Nemertine (Testrademma obscurum) der Ostsee stösst blitzschnell ihren spitzen Rüssel in kleine Thiere, z. B. Flohkrebse, indem sie dabei die weichere Bauchseite wählt, und kriecht durch die Wunde in das Thier hinein, um es bis auf das Skelett auszufressen."

6. Droht die Nahrung in der Heimat über kurz oder lang gänzlich auszugehen, so wandern viele Thiere für die Dauer der Nahrungsnoth regelmässig in andere, oftmals weit entfernte Gegenden, wo sie wiederum Futter zur Genüge, oder gar in Hülle und Fülle antreffen. Hiemit soll freilich nicht gesagt sein, dass gerade der Futtermangel bei Allen ohne Ausnahme den eigentlichen Grund des Fortziehens bilde; bei den Zugvögeln ist Dies ganz gewiss nicht der Fall.[1]) Fast alle Zugvögel schlagen auf ihrem Herbstfluge irgend eine südliche Richtung ein; nur wenige machen hiebei eine Ausnahme. Eine Kolibri-Art (Trochilus colibris) wandert nach dem hohen Norden Amerikas, die Schwimmvögel an der Nordküste Sibiriens scheinen vorzugsweise den Breite- und nicht den Längegraden entlang zu ziehen, und das Nämliche gilt von dem nordamerikanischen Grünspecht; den Mäusebussard endlich sieht man im September oder Oktober meistens in westlicher Richtung auswandern. Die meisten der in Europa heimischen Zugvögel wandern über das Mittelmeer nach verschiedenen Ländern Afrikas: so die Schwalben nach Senegambien, die Königskraniche nach Abyssinien, die französischen Wachteln über ganz Afrika hinweg nach dem Cap der guten Hoffnung, die Störche tief ins Innere und die Hagelgänse nach der nordwestlichen Küste, die Nachtigallen und die Blaukehlchen ins üppige Nilthal. Das ausserordentlich merkwürdige Phänomen der periodischen Wanderung lässt sich aber nicht bloss bei den Vögeln, sondern auch bei andern Thieren beobachten. „So wandern z. B. ungeheure Antilopenschwärme des mittleren und südlichen Afrikas, je nach der Regenzeit

[1]) Vgl. hierüber B. Altum: Der Vogel und sein Leben; die Zeitschrift „Natur und Offenbarung." Münster. Jahrg. 1878. S. 508 ff.

und der durch sie bewirkten Vegetation, in den Gegenden nördlich und südlich vom Aequator alle Jahre regelmässig hin und her. Die Renthiere der alten und neuen Welt stellen nach den Jahreszeiten der Weide wegen regelmässige jährliche Wanderungen an. Die Büffel Nordamerikas gehen im Sommer bis an die Küsten des Eismeers hinauf und im Winter in die südlichern Gegenden herab; man sieht jetzt, so sehr das unvernünftigste Wüthen des Menschen ihre Zahl vermindert hat, noch Schaaren von 10000 und mehr Stücken, unter deren Marsch die Erde dröhnt."[1])

7. Andere Thiere wieder, welche in ihrer Heimat überwintern, während des Winters aber entweder gar nicht, oder nur auf kürzere Zeit, und dann oft auch noch mit Unterbrechungen, in einen erstarrenden Schlaf sinken, um für die Dauer desselben von ihrem eigenen Fette zu leben, man gestatte diesen trivialen aber zutreffenden Ausdruck, sammeln sich im Herbste oder schon zur Sommerzeit einen hinreichenden Vorrath an Nahrung für den bevorstehenden Winter. Der Hamster z. B. füllt zur Zeit der Ernte die Vorrathskammer seines kunstvollen Baues mit Getreidekörnern, welche er in seinen Backentaschen nach Hause schleppt, beisst ihnen aber die Keime aus, so dass sie im feuchten Winter nicht aufgehen und wachsen können; ganz ähnlich verfährt auch die Feldmaus. „Die Wurzelmäuse tragen Wurzeln in unglaublicher Menge ein, namentlich Arvicola oeconomus in Ostsibirien und Kamtschatka, — sehr willkommen der dortigen Bevölkerung, welche sie ausgräbt."[2]) Das Eichhörnchen legt sich in ausgehöhlten Bäumen grosse Vorräthe von Nüssen, Eicheln u. s. w. an, und verschliesst dann den Zugang. „Der Pfeifhase Sibiriens sammelt die kräftigsten Kräuter, dörrt sie an der Sonne, häuft sie dann zu Schobern auf, schützt sie gegen Schnee und Regen und gräbt von seiner Wohnung aus unterirdische Gänge zu diesen Magazinen, für den langen, unwirthsamen Winter."[3]) Ebenso sorgt auch das Murmelthier, der Iltis, der Dachs und der Biber für den bevorstehenden

[1]) Perty: A. a. O. S. 156.
[2]) Perty: A. a. O. S. 652.
[3]) Böhner: A. a. O. S. 91.

Futtermangel des Winters, indem sie sich bei Zeiten je nach Bedürfniss einen grössern oder kleinern Vorrath anlegen. Vorzugsweise sind aber die Bienen und Ameisen zu erwähnen, sind ja Letztere sogar ob ihres erstaunlichen Sammelfleisses schon seit den Zeiten der alttestamentlichen Hebräer dem Menschen als Muster der Nachahmung aufgestellt worden; freilich darf man hiebei nicht an unsere einheimischen Ameisen denken, denn die befinden sich während des ganzen Winters in einem Zustande völliger Erstarrung und Bewegungslosigkeit, so dass sie gar keine Nahrung zu sich nehmen können, sondern nur an die Ameisen-Arten der heissen Länder.[1])

8. Geräth ein Thier in Lebensgefahr, so wählt es stets das passendste Mittel zu seiner Rettung, indem es entweder vor dem Feinde geschickt die Flucht ergreift, oder sich ihm plötzlich unsichtbar macht, oder aber sich gegen ihn tapfer zur Wehr setzt, jenachdem das eine oder andere Mittel zu den eigenthümlichen Organen seines Körpers am besten passt. Die Spinnen, Frösche, Singvögel, Hasen, Rehe, Gemsen, kurz die sogenannten scheuen Thiere, ergreifen beim leisesten Anzeichen einer ihnen drohenden Gefahr schleunigst die Flucht und verbergen sich. Der Fenek (Megalotis cerdo) in Afrika gräbt sich, wenn er verfolgt wird, äusserst rasch in den Sand oder in die Erde ein. Viele Raupen lassen sich, sobald sie Gefahr wittern, augenblicklich von den Blättern der Bäume an einem Faden ins Gras herunter, um sich darin zu verkriechen. „Die Paguriden (Einsiedlerkrebse) haben einen ganz weichen Hinterleib und leben deshalb in Schneckenschalen, deren Bewohner abgestorben sind, in welche sie sich beim geringsten Geräusch schnell zurückziehen und mit der Schalenmündung dem Boden zugekehrt unbeweglich liegen bleiben, wodurch sie den damit unbekannten Sammler täuschen.“ „Bei Annäherung eines Falken legt der Wiedehopf sich nieder, breitet Schwanz- und Flügelfedern um sich aus, biegt den Kopf zurück, den Schnabel gerade aufwärts, und sieht dann einem Lappen braun, schwarz und weiss gestreiften

[1]) Vgl. M. Bach: Studien und Lesefrüchte. Köln. 1866. Bd. 1, S. 199 f.

Zeuges ähnlich."[1]) Das Rebhuhn, die Waldschnepfe, die Wachtel und viele andere Vögel drücken sich bei herannahendem Feinde unbeweglich an den Boden, der mit ihrem Gefieder gleiche Farbe hat, und täuschen dadurch, so dass der Feind, ohne sie zu bemerken, an oder über ihnen vorbeizieht. „Nahen Verfolger, so ergiessen die Kopffüsser aus ihrem Tintenbeutel schwarzbraunen Saft, der im Wasser sich ausbreitend sie wie eine Wolke vor den Blicken des Feindes verbirgt."[2]) Wenn der Pochkäfer sich in Gefahr wähnt, so zieht er die Fühler und alle Füsse ein und bleibt, ohne eine Glied des Körpers zu regen, so lange liegen, bis die Gefahr vorüber ist; man ist durchaus nicht im Stande, ihn dahin zu bringen, dass er sich durch irgend ein Lebenszeichen verräth, weder Feuer noch Wasser, noch irgend eine andere Art von Folter kann Etwas bei ihm ausrichten, ja man kann ihn sogar zerschneiden, zerreissen, lebendig braten, ohne dass er sich rührt; „Alles", sagt Oken, „was man von der heroischen Standhaftigkeit der amerikanischen Wilden erzählt, dass sie sich von ihren Feinden die Haut vom Kopfe schaben, ein Glied nach dem andern abschneiden lassen und dabei ihr eigenes Fleisch fressen, ohne eine Miene zu verziehen, ihren Feinden zum Trotz, ist zwar hoher Bewunderung werth, kommt aber dem Trotze nicht bei, den wir bei diesem kleinen Insekte sehen." Thiere sodann, welche die Natur mit einer Vertheidigungswaffe ausgerüstet hat, machen davon bei einem Angriff auf sie sofort Gebrauch, und zwar einen solch zweckmässigen, dass der Mensch keinen bessern vorschlagen könnte; so das Pferd von seinem Huf, der Hirsch von seinem Geweih, die Schlange von ihrem Giftzahn, die Wespe und Biene von ihrem Stachel, der Adler von seinem Schnabel und seinen Krallen, das Stachelschwein von seinen Stacheln, der Strauss und Kasuar von ihrem Fuss, die Fischotter von ihrem Gebiss, der Bartenwal von seinem Schwanz, der Zitteraal von seinem elektrischen Apparat, der Eber von seinen Hauern, der Elephant von seinem Rüssel. Die Sturmschwalbe speit gegen ihren Verfolger flüssigen Thran aus ihrem Halse, und das Kameel spuckt in seiner Brunstzeit Speichel

[1]) Perty: A. a. O. S. 263 und 518.
[2]) Perty: A. a. O. S. 256.

sowie auch das im Maule befindliche Futter Thieren und Menschen mit grosser Fertigkeit ins Gesicht. „Wenn ein Bombardierkäfer von einem grossen Laufkäfer verfolgt wird und nicht mehr entfliehen kann, so legt er sich nieder und lässt auf den zuschnappenden Verfolger einen blauen Dunst mit Geräusch explodiren, wohl 20mal nacheinander, wodurch es ihm manchmal gelingt, dass der Verfolger von ihm ablässt“;[1]) auf ähnliche Weise vertheidigen sich die grösseren Ameisen, die Laufkäfer, die Erdsalamander und die Stinkthiere. Von den Affen, den höheren Affen wenigstens, erzählen Einige, dass sie Steine, stachelige Früchte, Holzstücke und Baumäste auf den Feind schleudern oder sich mit Knüppeln und Prügeln seiner erwehren;[2]) Andere freilich behaupten, eine derartige Vertheidigung komme selbst bei den vollkommensten Affen nicht vor.[3])

b) Das gesellige Leben der Thiere.

9. Jedes Thier paart sich im freien Naturzustande nur mit einem seines Gleichen, wie wenn es wüsste, dass dadurch die Fortpflanzung seiner Spezies bedingt ist: so der Löwe mit einer Löwin und nicht mit einer Bärin, der Haushahn nur mit einem Haushuhn und nicht mit einer Ente, der Hecht mit einem Hechte und nicht mit einem Karpfen. Halbwilde Pferde paaren sich sogar am liebsten mit solchen von gleicher Farbe. Die Kreuzung von Pferd und Esel kann nur der Mensch herbeiführen, denn diese Thiere sind in freier Natur einander abgeneigt; von den gestreiften Pferden Südafrikas, dem Quagga, Zebra und Dauna, weiss man, dass sie in Heerden leben ohne Vermischung der Arten. Dabei ist das Zusammenfinden der Geschlechter äusserst merkwürdig. Wie oft leben z. B. unter einem Steine Individuen der verschiedensten Käferarten ruhig und friedlich beieinander, und doch paaren sich nur Individuen von derselben Art. Die Aehnlichkeit mit sich selbst kann es nicht sein, woran das Männchen ein Weibchen seiner Spezies

[1]) Perty: A. a. O. S. 305.
[2]) Perty: A. a. O. S. 577.
[3]) Vgl. z. B. Bach: A. a. O. Bd. 4, S. 169 f.

erkennt; denn abgesehen davon, dass ein Thier nicht leicht sein Bild in einem Spiegel sieht, um danach seine Artgenossen herauszufinden, sind auch noch die Geschlechter bei vielen Thierarten, z. B. bei den Schmarotzerkrebsen, so grundverschieden an Gestalt, dass das Männchen eher auf die Paarung mit Weibchen von tausenderlei anderen Thieren geführt werden sollte, als mit solchen von seiner Art. Die Begattung der Thiere findet meistens gegen den Frühling hin statt, anscheinend aus weislicher Vorsorge für die zu erwartenden Jungen. „Die wärmere Temperatur befördert das Wachsthum, die Jungen haben keine strenge Winterkälte durchzumachen, und in Ueberfluss ist passendes Futter vorhanden. Im Frühjahre sprossen die Pflanzen wieder hervor, das Gras oder die Blätter sind noch mild, saftreich, zart und dabei in Menge vorhanden: so finden die Jungen der Pflanzenfresser gleich überall ein leicht verdauliches Futter, bei dem sie üppig gedeihen. Die Raubthiere können dann eine reiche Ernte halten, weil andere junge Thiere in Ueberfluss vorhanden sind, deren leicht verdauliches Fleisch den schwachen Mägen ihrer eigenen Jungen gerade recht zusagt; letztere aber, deren Kräfte noch nicht ganz entwickelt sind, können sich im Fange anderer junger Thiere üben, die ihnen noch keinen vollständigen Widerstand entgegen setzen können. Hätten sie nur mit alten Thieren zu thun, so würden sie in der Regel unterliegen und zu Grunde gehen."[1]) Paaren sich aber Thiere von dieser oder jener Spezies zu einer andern Zeit, als zu der des Frühlings, so liegt der Grund davon gewöhnlich in der Nahrung, von welcher ihre Jungen leben. So legt z. B. der nordische Kreuzschnabel (Loxia curvirostra) ganz gegen die Gewohnheit anderer Vögel nicht bei Beginn des Frühlings, sondern im Januar, also mitten im Winter seine Eier, so dass die Jungen gerade dann auskriechen, wenn die Samen der Tannenzapfen, womit sie gefüttert werden sollen, am besten sind; und bei dem Schafe, welches sich in unsern Gegenden im Oktober und November paart, so dass für die im

---

[1]) Schröder van der Kolk: Seele und Leib in Wechselbeziehung zu einander. Braunschweig. 1865. S. 166.

März oder April zur Welt kommenden Jungen junges Gras in Menge vorräthig ist, findet im südlichen Europa, wo das Gras im November und Dezember am besten zur Weide taugt, die Paarung zweckentsprechend auch schon im Juni und Juli statt.

10. Viele Thiere bereiten ihren zukünftigen Jungen bei Zeiten eine bequeme und schützende Lagerstatt, und wählen dafür jedes Mal je nach ihrer Art nicht bloss eine ganz bestimmte und verborgene Oertlichkeit, sie gebrauchen dazu auch jedes Mal je nach ihrer Art ein besonderes Material und geben ihm einen auf die Zahl und Grösse der zu erwartenden Jungen berechneten Umfang. Dies gilt nicht bloss von den Vögeln, deren Nestbau allbekannt ist, sondern auch von manchen Säugethieren, ja selbst von Insekten und Fischen. So bereitet z. B. die Katze für ihre Jungen ein Nest aus weichen Stoffen, das Wildschwein stattet den ihm und seinen Jungen als Lager dienenden Kessel mit Reisern, Laub und Moos aus. Ganz ähnliche Vorsorge für ihre Jungen treffen der Fuchs, das Kaninchen, das Eichhörnchen, der Biber, der Maulwurf, die Maus; die Zwergmaus verfertigt sogar aus Riedgras und Rohrblättern ein Nest, welches dem künstlichsten Vogelnest nicht nachsteht. Unter den Insekten sind es besonders die Hummeln, Ameisen, Wespen und Bienen, welche Nester für ihre Brut anlegen und, wie allgemein bekannt ist, sie höchst zweckmässig ausstaffiren.[1]) Ein Nest von ganz erstaunlicher

---

[1]) Die vollendete Kunstfertigkeit der Bienen wird durch folgende Thatsache ins hellste Licht gestellt. Der französische Astronom Maraldi untersuchte die Hohlpyramide am Boden der Bienenzelle, die aus drei gleichen, rautenförmigen Platten zusammengesetzt ist, und fand durch wiederholte, äusserst sorgfältige Messungen, dass je zwei nebeneinanderliegende Winkel dieser verschobenen Vierecke, welche die Hohlpyramide einschliessen, regelmässig sich verhalten wie 109° 28′ : 70° 32′. Um den Zweck dieser strengen Gleichförmigkeit des Bodens der Bienenzelle genauer zu erforschen, wandte sich der berühmte Réaumur an seinen Freund, den Mathematiker König, mit der Bitte, zu berechnen, welche Winkel drei rautenförmige Platten haben müssten, um daraus ein möglichst grosses Gefäss mit möglichst wenigem Material zu verfertigen. König kam mit Hülfe der Infinitesimalrechnung zu dem Ergebniss, dass die Winkel für den angegebenen Fall sich wie 109° 26′ : 70° 34′ verhalten müssten. Da

Grösse ist das der Polybia liliacea, einer kleinen Wespe Brasiliens, welches für eines der grössten Meisterwerke in der Baukunst der Insekten gilt. Aber auch in der Gattung der Käfer findet man solche, welche ihrer Nachkommenschaft ein wohnliches Nest mit grosser Kunstfertigkeit herstellen. Ein Rüsselkäfer z. B., Rhynchites betulae genannt, bildet aus dem untern Theile eines länglich runden Blattes, nachdem er die eine Längshälfte desselben in Form eines stehenden und die andere mehr in Form eines liegenden S bis zum Mittelstiele regelrecht durchgebissen, zur Aufnahme seiner Eier einen Trichter, bei welchem die mathematische Untersuchung ergeben hat, dass auf die beiden S-Schnitte die Lehre von der Evolute und Evolvente und auf die Zusammenwickelung des Blattes die Theorie von den konisch abwickelbaren Flächen sich anwenden lässt. Von den Fischen, bei welchen ein Nestbau vorkommt, nennen wir nur zwei Arten; die eine gehört zur Gattung Hassar (Doras), welche bei Surinam ihre Heimat hat, und die andere ist eine Art des Stichlings (Gaterosteus aculeatus). Bei letzterer baut das Männchen in den Sand des Ufers ein rundes Nest aus Pflanzenfasern und Grashalmen, die es durch einen seinem Körper entquellenden Schleim fest unter einander verbindet, und überdacht es dann so, dass es zwei Oeffnungen behält, durch welche es hinein- und herausschwimmen kann; sind die Eier

---

dieses Resultat zu der Messung Maraldi's so ziemlich stimmte, so begnügte sich Réaumur mit der Annahme, dass der Astronom die Winkel wohl nicht ganz genau gemessen habe. Nicht so der schottische Mathematiker Maclaurin. Um ins Klare zu kommen, auf welcher Seite der Fehler sei, wiederholte er sowohl die Messung der Winkel am Zellenboden, als auch die Berechnung des genannten Problems mit äusserster Genauigkeit und fand, dass die wahren theoretischen Winkel an den Rändern des verlangten Gefässes genau 109° 28′ und 70° 32′ betragen. Wie konnte aber ein berühmter Mathematiker, wie König, den Rechnungsfehler machen, zwei Winkel zu finden, von denen jeder um zwei Winkelsekunden von den wirklichen Winkeln des Zellenbodens der Biene abwich. Bei genauer Untersuchung stellte sich heraus, dass der Fehler nicht in König's Rechnung, sondern in der Logarithmen-Tafel lag, deren er sich bedient hatte. In Folge dessen wurde dieselbe bei der neuen Ausgabe berichtigt. Vergl. A. N. Böhner: Leben und Weben der Natur. Hannover. 1874. S. 53 f.

ins Nest gelegt, so verstopft es eine Oeffnung desselben und bedeckt es sorgfältig mit Steinchen, die manchmal der Hälfte seiner Körperschwere gleichkommen, vor der andern Oeffnung aber hält es Wache.

Vor Allem verdienen aber die vielgestaltigen Nester der Vögel hierorts eine besondere Erwähnung. „Die Vogelnester sind immer auf die Zahl und Grösse der Jungen berechnet, und darin wird sich kein Vogel irren. Kleine Eier erkalten leichter und verlangen eine mehr andauernde Wärme; desshalb bauen die kleineren Vögel tiefere Nester, und ihre Eier liegen auf einem weicheren und besser erwärmten Bette, so dass sie beim Ausfliegen des Vogels nicht so rasch erkalten können. Das Nest der Lerche ist viel tiefer und die Eier darin liegen wärmer, als beim Storche oder bei der Gans. Die Nester werden aber mit Dingen ausgefüttert, die zu den schlechten Wärmeleitern zählen, mit Stroh, Moos, Haaren, Flaumfedern oder sonstigen Federn. Aber nicht bloss für die Wärme, sondern ganz besonders auch für den Schutz der Eier wie der Jungen sorgt der Vogel beim Bau seines Nestes durch kunstreiche Einrichtungen, die um so complizirter und um so schirmender sind, je mehr Gefahren drohen. Ja es richtet sich die Bauweise ganz nach den Feinden, die zu befürchten sind. Unsere Singvögel bringen ihre Nester meistens in dichtes Laub oder in einen hohlen Baum, wo sie von Raubvögeln nicht gesehen oder auch nicht erreicht werden können. Die Vögel in heissen Ländern würden dadurch noch keinen Schutz gegen Affen und Schlangen haben, die ihnen überall nachstellen; deshalb bringen viele ihre Nester an die zumeist nach aussen reichenden, über Wasser befindlichen Aeste, wohin die Feinde nicht kommen können. Der bengalische Kreuzschnabel ist damit noch nicht zufrieden und macht aus Pflanzenfasern und dürren Grashalmen ein ellenlanges Seil, das er am äussersten Ende eines Baumastes über Wasser befestigt und woran er dann das Nest anhängt, so dass dieses vom Winde hin und her geschleudert wird, aber allen Feinden unerreichbar ist."[1]) Die künstlichsten Nester findet man bei den Sing- und

---

[1]) Schröder van der Kolk: A. a. O. S. 179 ff.

Hockvögeln, nur von dem Neste eines Stelzenvogels werden sie in ihrer sinnigen Anlage und Einrichtung noch übertroffen, nämlich von dem des Schattenvogels (Scopus umbretta) in Afrika, dessen kugelförmiges, fünf bis sechs Fuss im Durchmesser messendes Nest drei geschiedene Räume enthält, und sozusagen ein Schlafgemach, einen Salon und ein Vorzimmer, in welch letzterem das Männchen den Tag über Wache hält, wenn das Weibchen brütet.

11. Thiere, welche ihre Eier nicht selbst bebrüten, sorgen dafür, dass das Brutgeschäft entweder von der Sonne oder von andern Thieren übernommen wird. Das Weibchen der Schildkröten auf den Gallopagos-Inseln geht in Begleitung des Männchens zur Eiablage an das sandige Ufer und baut ein Nest in Gestalt eines Backofens, in welchem die Eier von der Sonnenhitze ausgebrütet werden. Die Kaimans in Zentralamerika legen ihre Eier in selbstausgehöhlte Sandgruben am Ufer des Flusses, scharren dieselben mit Sand sehr sorgfältig zu, so dass sie nicht bemerkt werden können, und entfernen sich dann; genau um die Zeit aber, wo die Eier durch die Sonnenwärme ausgebrütet sind, kehren die Kaimans wieder an die Stelle zurück, so berichten wenigstens Amerikareisende, wühlen mit der Schnauze den Sand auf und geleiten die Jungen nach dem Flusse. Auf Cap York und den benachbarten Inseln vergraben die sogenannten hügelnestbauenden Vögel (Megapodius Gouldii) ihre Eier in Sand- und Kothhaufen, um das Ausbrüten derselben der Sonne und Fermentation zu überlassen. Ebenso überlässt der afrikanische Strauss oftmals der Sonnenwärme das Ausbrüten seiner in den Sand gelegten Eier, und die meisten Fische, welche keine lebendigen Jungen gebären, thun es immer. Die Bitterlinge, eine kleine Fischart, bringen ihre Eier in die Kiemenfächer der Malermuschel, die Schmarotzerbienen in die Nester der Hummeln und einsam lebenden Kunstbienen, und die Schmarotzer- oder Schlupfwespen in die der Grab- und einsam lebenden Faltenwespen. Manche Insekten legen ihre Eier an Orte, von denen aus sie erst auf vielen Umwegen an den eigentlichen Ort ihrer Entwickelung befördert werden. Die Pferdebremse z. B. „legt ihre Eier an die Haare der Beine und der Brust des Pferdes.

Die daraus entstehenden Würmchen krabbeln auf der Haut des Pferdes herum, werden dann vom Pferde, das den dadurch bewirkten Kitzel entfernen will, abgeleckt und gelangen auf diese Weise zum Orte ihrer Bestimmung. Im Magen angekommen saugen sie sich fest; sind sie aber ausgewachsen, so lassen sie sich los, gehen mit dem Miste durch alle Windungen des Darmkanals und fallen auf die Erde, in welcher sie sich verpuppen, um bald darauf als vollkommenes Insekt, als eine Fliege zu erscheinen." „Die Rinderbremsen wissen mit solcher Sicherheit die kräftigsten und gesündesten Thiere auszuwählen, dass die Viehhändler und Gerber sich ganz auf sie verlassen und am liebsten die Thiere und Häute nehmen, die die meisten Spuren von Engerlingsfrass zeigen." Es giebt auch einige Arten von Vögeln, welche ihre Eier zum Zwecke des Ausbrütens andern Vögeln ins Nest legen, z. B. der Kuhvogel oder Kuhfink (Cassicus s. Icterus pecoris), welcher in Amerika seine Heimat hat, und der europäische Kukuk. Was den Letzteren insbesondere betrifft, so trägt er die Eier fast ausnahmslos in die Nester solcher Vögel, welche ihre Jungen mit Insekten füttern. In Nestern von 44 Vogelarten sind schon Kukukseier angetroffen worden; gewöhnlich waren es die Nester von Dorn- und Grasmücken, Rothkehlchen und weissen Bachstelzen. „Steht das Nest in einer Höhle, in einem Stein- oder Holzhaufen, oder in einem so sehr verworrenen Gezweige, dass das Kukuksweibchen sich für seinen Zweck nicht auf dasselbe setzen kann, so legt es das Ei auf den Boden und trägt es mit dem Schnabel an den Ort seiner Bestimmung." „Für jedes Ei wählt es ein neues Nest. Man hat freilich wohl Mal zwei Kukukseier (und sogar verschieden gefärbte) in einem Nest gefunden, allein für diese Thatsache ist die Annahme, dass zwei Kukuksweibchen zufällig dasselbe Nest aufgefunden und benutzt haben, die wahrscheinlichere. Auffallender Weise belegt es in der Regel nur solche Nester, deren Eier noch frisch sind; die Ausnahmen hiervon sind selten."[1]) Am merkwürdigsten ist aber der Umstand, dass die Kukuksweibchen ihre 5—6 Eier durchgehends zu solchen Eiern legen,

[1]) B. Altum: Forstzoologie. Berlin 1874. Bd. 2, S. 55.

denen dieselben an Grösse, Gestalt, Färbung und Zeichnung fast zum Verwechseln ähnlich sehen, so z. B. olivenbraune zu Nachtigallen-, grünliche mit dunkeln Flecken zu Dorngrasmücken-, weisse mit rothen Punkten zu Zaunkönigs-, rosarothe zu Gartenlaubsängers-, hellblaue zu Steinschmätzers-Eiern u. s. w. Ob freilich jedes Weibchen nur Eier von Einer Färbung und Zeichnung lege, oder nicht, ist bis jetzt noch nicht definitiv ermittelt worden.

12. Die meisten Thiere sorgen dafür, dass ihre Jungen, sobald diese zur Welt gekommen, die nöthige Nahrung erhalten, freilich nur auf solange, bis die Jungen sich selbst ernähren können. Diejenigen, welche sich dazu auch noch dem Geschäfte der Fütterung unterziehen, benehmen sich beim Futterzutragen äusserst vorsichtig, um nur ja nicht den Standort des Nestes zu verrathen. Der Löwe verwischt die Spur zu seinen Jungen dadurch, dass er mehrfach dahin und dorthin läuft, oder auch mit dem Schweife seine Fährte verwischt. Der männliche Fuchs schleppt immer für das Weibchen und die Jungen Nahrung in den Bau, lässt aber keine Knochen rund um denselben liegen und raubt auch nicht in der Nähe desselben. Der Strauss geht nur in einem weiten Bogen zu seinem Neste. Die Nachtigall fliegt nicht ohne Weiteres mit dem Futter zu ihren Jungen, sondern setzt sich zuvor in einiger Entfernung davon im Gebüsche nieder, um nach allen Seiten hin auszuspähen, ob sie unbemerkt zu ihrer Brut gelangen könne, und huscht dann erst, wenn sie keine Gefahr entdeckt, in ihr Nest; ähnlich verfährt eine ganze Reihe anderer Vögel. Das Füttern der Jungen erfolgt immer in einer strengen Ordnung, so dass keines derselben vergessen und auch keines auf Kosten eines andern zwei Mal nacheinander gefüttert wird, wesshalb z. B. die Bärin einen besonders zudringlichen Sprössling, der sich zum Nachtheil der übrigen mit der Milch der Mutter zu ätzen versucht, zuweilen mittels einer Ohrfeige abwehrt. Da die Jungen der meisten Thiere zu Anfang ihres Lebens die Nahrung der Alten noch nicht vertragen können, so erhalten sie entweder dieselbe erst nach einer besonderen Zubereitung, oder sie werden mit einer von der der Alten gänzlich ver-

schiedenen Nahrung versehen. Die Raubvögel sowie die Körnerfresser z. B. erweichen das Futter zuerst im Kropfe, wodurch es leichter verdaulich wird; unsere Sperlinge, welche selbst meistentheils von Sämereien leben, füttern Anfangs nur Insekten und Raupen, welche dem zarten Magen der Kleinen besser entsprechen; und die Säugethiere reichen ihren Jungen Milch, die nur einer geringen Verarbeitung bedarf, um in Chylus und Blut umgewandelt zu werden.

Manche Thiere sind zur Zeit, da ihre Jungen aus den Eiern auskriechen, längst nicht mehr am Leben; dennoch sorgen sie für den Unterhalt derselben auf höchst merkwürdigen Wegen, und zuweilen sogar mit einer Nahrung, welche von ihrer eigenen durchaus abweicht. Die Holzwespe z. B. bringt neben jedes Eichen in der Zelle eine Art von selbstzubereitetem Teig, der für sie keine Nahrung bildet, der aus dem Eichen auskriechenden Larve aber vortrefflich zusagt. Die Holzbiene, welche sich nur von Blumensaft nährt, legt neben ihre Eier in einem für dieselben ausgebohrten Neste etwas Blumenstaub und die Leiche einer Spinne oder Wespe, wovon ihre Larven leben. Der Ringelraupenschmetterling, welcher ebenfalls nur von Blumenhonig lebt, legt seine Eier weder in den Kelch, noch auf die Blätter der Blumen, sondern immer auf junge Baumzweige und zwar an solche Stellen, wo im kommenden Frühlinge frische Blätter hervorsprossen, denn davon nähren sich die auskriechenden Raupen. Der Kohlweissling frisst selber Nichts, weiss aber für seine gefrässigen Jungen die ihnen entsprechende Nahrung zu beschaffen, indem er seine dottergelben Eier auf die Blätter kohlartiger Pflanzen absetzt, welche die jungen Räupchen sofort abzunagen beginnen; und damit seine Eier nicht so leicht von Vögeln und Schlupfwespen oder von der Ungunst der Witterung zu leiden haben, legt er sie auf die Unterseite der Blätter. Wenn die sogenannten Todtengräber, eine Käferart, ein todtes Thier, etwa eine Maus oder eine Kröte, oder einen Maulwurf von Ferne riechen, eilen sie alsbald herbei, untersuchen die Erde, ob sie locker genug sei, kriechen alsdann, zu 2—5 vereint, unter die Leiche und wühlen mit den Vorderbeinen die Erde auf, so dass die Leiche allmälig einsinkt und nach 3—5 Stunden einen halben Fuss tief vergraben liegt. Ist der Boden zu hart, so schleppen sie das Aas an einen andern, zum Grabe geeigneten Ort und entwickeln dabei zum wenigsten eine Kraft, welche ein Mensch, die gleichen Verhältnisse angenommen, nöthig hätte, um eine Last von 9000 Pfund fortzubewegen. Sobald das Aas vollständig vergraben ist, legt das Weibchen an dasselbe seine Eier und stirbt; für die auskriechenden Jungen aber, welche einen aussergewöhnlich grossen Vorrath an Nahrung bedürfen, weil sie lange Zeit hindurch hülflos und dabei sehr gefrässig sind, hat es hinlänglich gesorgt bis zum Momente ihrer Verpuppung, ohne dass es ihre Nahrung oder gar sie selbst in Gefahr gebracht hätte, eine Beute anderer Thiere zu werden.

13. Sämmtliche Thiere, welche ihre Jungen selbst aufziehen, entfalten überall dort, wo es gilt, eine denselben drohende Lebensgefahr abzuwenden, eine solch ausserordentlich grosse Geschicklichkeit, dass man unwillkürlich an das Sprüchwort denkt: Die Liebe macht erfinderisch. Eine Reihe von Thieren warnt nämlich die Jungen beim Anzug der Gefahr und mahnt sie zur Flucht durch ein besonderes, ihrer Art jedesmal eigenthümliches Alarmzeichen: der Hase z. B. durch geräuschvolles Zusammenschlagen der Ohren, das Kaninchen durch starkes Aufschlagen mit den Hinterläufern, der Biber durch eine Art von Klatschen, das Murmelthier durch Pfeifen oder Bellen, die Leitgeis der Gemsen durch einen schrillen Pfiff. Andere Thiere flüchten selbst ihre Jungen, sobald sie eine Gefahr für sie wittern, an einen ganz andern Ort. So geschieht es z. B. von den Ameisen, wenn man Wasser in ihren Bau schüttet, von der Eule, dem Hunde und der Katze, wenn eines ihrer Jungen aus dem Neste gestohlen worden, von dem Storche, wenn das Haus, worauf sein Nest steht, in Brand geräth; das Beutelthier nimmt bei drohender Gefahr seine Jungen auf den Rücken und flieht mit ihnen davon, indem sich dieselben mit ihren Schwänzchen an dem Schwanz der Mutter festklammern. Noch andere Thiere verbergen ihre Jungen zur Zeit der Gefahr an der Stelle, wo sie sich eben befinden. Die Henne z. B. lockt ihre Küchlein, sobald sie den Hühnergeier in

der Höhe entdeckt, herbei, nimmt sie unter ihre Flügel und duckt sich mit ihnen solange auf die Erde, bis die Gefahr vorübergezogen; der Haubensteissfuss nimmt bei drohender Gefahr seine umherschwimmenden Jungen unter die Flügel und versenkt sich mit ihnen in die Tiefe des Wassers; der Skorpion bringt seine Jungen für die Dauer der Gefahr dadurch in Sicherheit, dass er sie in sein Maul kriechen lässt, und die Kreuzotter soll sogar ihren Jungen den Magen als Zufluchtsstätte gewähren. Manche Thiere wieder suchen mit schlau angewandter List die Gefahr von ihren Jungen abzulenken. „Kommt z. B. ein Mensch oder ein Hund in die Nähe eines Rebhuhnnestes, so fliegt das Männchen mit ängstlichem Geschrei auf und warnt das Weibchen, dann aber lässt es sich mit hängendem Flügel auf den Boden nieder, als könnte es nicht fliegen oder als wäre es verletzt, um so den Feind, der eine leichte Beute zu gewinnen hofft, vom Neste wegzulocken; das benutzt aber das Weibchen, um mit den Jungen zu entfliehen. Aehnliches beobachtet man auch bei andern Vögeln.“[1]) Bedroht mehr als ein Feind das Nest eines Stichlingsmännchens, so trifft es keine Anstalt zur Vertheidigung, es macht vielmehr eine rasche Bewegung nach vor- oder seitwärts, als stürze es auf eine Beute los, und lockt dadurch die Feinde, welche ihm begierig folgen, um an der ungesehenen Beute Theil zu nehmen, von seinem Neste weg, wohin es bald darauf wieder zurückkehrt. Endlich setzen sich viele Thiere zur Vertheidigung ihrer Jungen muthig zur Wehr und suchen, selbst mit Einsetzung des eigenen Lebens, ihre Jungen zu schützen. Dies gilt aber nicht bloss von den Raubthieren, von Löwen und Adlern z. B., es gilt auch von wilden Pferden und Eseln, von Walfischen und Robben, von Schwänen und Sturmvögeln, ja sogar von den kleinen Kolibris. So machen es auch viele Spinnen mit Bezug auf ihre Eier, die sie in einem Säckchen bei sich tragen, indem sie sich eher fangen und tödten lassen, als dass sie eines derselben preisgeben; so macht es zuweilen der Storch, wenn das Haus, worauf er ein Nest mit Jungen hat, in Flammen steht, indem er seine Flügel über sie

---

[1]) Schröder van der Kolk: A. a. O. S. 179.

ausbreitet und sich mit ihnen verbrennen lässt; so macht es besonders der Affe, dessen Mutterliebe ja sprüchwörtlich geworden ist.

14. Thiere, welche in grösseren Schaaren beisammen leben, sei es nur für einen Abschnitt des Jahres, sei es für die ganze Dauer desselben, beobachten innerhalb des Kreises ihres gesellschaftlichen Lebens bestimmte Regeln und Gesetze, einzelne sogar bis zu dem Grade, dass man ihre Vereinigung mit dem Namen eines Thierstaates zu bezeichnen geneigt ist. Wenn z. B. die sogenannten Zugfische aus dem Meere nach ihren alten Laichstellen auswandern, schwimmt ein Rogner als Führer voran, ihm folgen die Milchner und der junge Nachwuchs macht den Schluss. Auch manche Zugvögel unterwerfen sich auf dem luftigen Wege ihrer Auswanderung und Rückkehr der Führung einzelner Individuen, welche zuweilen nicht einmal zu ihrer Art gehören; sie halten bestimmte Routen und bestimmte Stationen inne und beobachten während des Zuges eine ganz genaue Ordnung. Zu denjenigen, welche durch die Ordnung ihres Zuges von allen Wandervögeln am meisten unsere Bewunderung herausfordern, gehören z. B. die Kraniche und Hagelgänse. Meistens ordnen sie sich auf ihrem Zuge durch die Luft nach der Form eines lateinischen V oder, besser gesagt, eines Winkelmessers, wobei ja gewöhnlich ein Schenkel kleiner ist, als der andere. Ein Vogel fliegt jedesmal an der Spitze; hinter ihm kommen direkt nur zwei, und zwar so, dass der eine durch den rechten und der andere durch den linken Flügel des ersten gegen die Windströmung theilweise gedeckt ist. Jedem der Beiden schliesst sich halbrechts oder halblinks ein dritter an, der durch einen Flügel des zweiten wiederum zum Theil gegen den Wind geschützt wird; und ähnlich geht es weiter auf beiden Seiten bis zum Ende der Reihe. Sämmtlich halten sie in Auf- und Niederbewegung der Flügel mit dem Vorflieger Takt, so dass die Luft in rhythmische Wellen geräth und desto leichter durchschnitten wird. Damit aber Derjenige, welcher den Zug eröffnet und durch das Zertheilen der Luft die grösste Schwierigkeit zu überwinden hat, nicht schliesslich der Anstrengung unterliege, rückt jedes Mal sein rechter oder linker Hintermann

nach einiger Zeit an seinen Posten, während er selbst sich an das Ende des Zuges begiebt, um sich dort allmälig zu erholen. Alle sogenannten Heerdenthiere stellen sich unter die Botmässigkeit eines Leitthieres, welches bald ein Männchen, bald ein Weibchen ihrer Art ist; macht es auf seinen Zügen durch die Wildniss Halt, so auch die ganze Heerde, und ebenso folgt sie ihm, wenn es wieder aufbricht und weiterzieht. Dies kann man z. B. bei den Perl- und Truthühnern, bei den Walthieren und Robben, bei den Büffeln und Renthieren, bei den Gemsen und Hirschen, bei den wilden Eseln und Pferden, bei den Elephanten und Affen regelmässig beobachten. Scheue Thiere stellen, wenn sie irgendwo lagern oder weiden, Posten und Schildwachen aus, um auf deren Alarmzeichen sofort die Flucht zu ergreifen: so die Feldhühner, Papageien, Kraniche, Flamingos, Antilopen, Gemsen, Rehe, Hirsche, Renthiere, Tapans, Waldesel, wilde Pferde, Murmelthiere, Paviane u. s. w. Was z. B. die südamerikanischen Guanakos, die Ljamas der Anden, betrifft, so steht das leitende Männchen fast immer einige Schritte von dem Rudel entfernt und hält mit grösster Vorsicht Wache, während seine vielen Weibchen und die fortpflanzungsunfähigen Jungen weiden. Bei der geringsten Gefahr stösst das Männchen ein lautes, wieherndes Blöken aus; alle Thiere des Rudels erheben sofort ihre Köpfe, schauen scharf nach allen Seiten hin und wenden sich dann rasch zur Flucht, wobei die Weibchen und Jungen vorauseilen und eventuell von dem folgenden Männchen mit dem Kopfe gestossen und vorwärts getrieben werden. Die Melipona scutellaris, eine Bienenart Brasiliens, stellt am Eingang ihres Baues eine Wache auf, welche jeden Eingehenden untersucht; ebenso findet man es bei den Honigbienen und Ameisen, besonders bei der Formica rufa, welche die Eingänge ihrer Wohnung bei eintretender Nacht mit Holzsplittern verrammelt und hinter dieselben 2—3 Stammgenossen als Wachposten aufstellt.

Zu einer Art von staatlicher Einrichtung kommt es nur in der Klasse der Insekten, und zwar bei den Termiten sowie bei den Hautflüglern, besonders bei den Bienen und Ameisen. Jeder sogenannte Bienenstaat, dessen Terrain sich jedes Mal auf einen Stock oder ein Nest beschränkt, enthält dreierlei Arten von Bienen: 1. eine überwiegend grosse, zuweilen bis zu 40000 sich steigernde Anzahl von Geschlechtslosen, welche sämmtliche Bau- und Sammelarbeiten verrichten und desshalb Arbeitsbienen heissen, 2. viele männliche Bienen, welche Drohnen genannt werden, und 3. eine einzige weibliche Biene, welche, von den Drohnen befruchtet, in die verschiedenen Zellen des Stockes die Eier legt. Anscheinend gehorchen alle Bienen dieser einen weiblichen Biene und arbeiten unter ihrer Direktion, sie ist gewissermassen ihr lebendiger Mittelpunkt, ihre Königin; schwärmt sie, d. h. verlässt sie den Stock, um sich anderwärts anzusiedeln, so begleitet sie ein Theil der alten Kolonie als ihr unzertrennliches Gefolge, als ihre treue Unterthanen. Mit der gesellschaftlichen Organisation der Bienen hat die der Ameisen viele Aehnlichkeit, nur enthalten die staatlichen Gesellschaften der Letzteren mehrere Weibchen; bei einer Ameisenart, der blassen Ameise, kommt ausserdem auch noch ein vierter Stand vor, der der Soldaten, welche den Staat gegen Gefahren von Aussen vertheidigen. Der einheitlichen Organisation entspricht auch die kunstvolle Wohnung der Bienen und Ameisen, zumal tritt bei Letzteren der Typus der Einheit in der Manchfaltigkeit zu Tage, insofern nämlich in den grossen Saal, welcher inmitten des Baues liegt, alle Gänge und Säle des obern und untern Stockwerkes einmünden. Was sodann die Termiten betrifft, so besteht die Einwohnerschaft eines jeden Baues aus vielen Tausenden, ja Hunderttausenden von Individuen, welche sämmtlich, ein Männchen und ein Weibchen, d. i. das Königspaar ausgenommen, geschlechtslos sind und sich in Arbeiter und Soldaten unterscheiden. Dem Königspaar liegt nur die Erhaltung des Stammes, die Vermehrung der Kolonie ob. Die Arbeiter führen nach Form eines konischen Hügels aus Thon das Wohngebäude auf und ergänzen es, wenn Stellen daran schadhaft werden. Dasselbe hat eine Höhe bis zu 15 Fuss, so dass es im Verhältniss zur Grösse der Thiere die mächtigsten Menschenbauten, z. B. die Pyramiden Aegyptens, weit übertrifft, und dabei ist es von einer solchen Festigkeit, dass z. B. ein Büffel Südafrika's auf einem solchen Hügel stehen und Umschau halten kann, ohne einzubrechen. Sein Inneres ist nach Prof. P. Scheitlin also eingerichtet: „In der Mitte ist das ovale königliche Zimmer (Termitarium von Einigen genannt). Alle Zimmer und Vorzimmer sind um den Königssaal herum gebaut. Thüren sind nicht vergessen. Breite Hauptstrassen führen zu ihnen. Diese sind durch regelmässige Communikationsstrassen mit einander verbunden. Alles ist gewölbt. Die Zimmer haben förmliche Kirchenkuppeln, durch Schwibbögen unterstützt. Die Gänge sind ohne Zahl, damit man überall hinkommen könne. Die unterirdischen Gänge haben oft sogar einen Schuh im Durchmesser. Selbst ein spiralförmiger Gang nach allen Regeln der Baukunst kommt im unterirdischen Theil des Gebäudes vor. Es wird eine Wendeltreppe sein. Durch diesen unterirdischen Spiralgang werden alle Baumaterialien und Nahrungsmittel ganz im Dunkel: Wasser, Holz, Thon u. s. w. in das Gebäude geschafft. Darum ist er als schiefe Ebene angelegt."[1]) Die Soldaten beaufsichtigen zunächst die Arbeiter, indem sie von Zeit zu Zeit, angeblich alle zwei Minuten, ans Gebäude schlagen und horchen, ob die Arbeiter mit einem lauten Gezische antworten und dadurch bekunden, dass sie an Ort und Stelle sind. Die Hauptaufgabe der Soldaten besteht aber in der Vertheidigung der ganzen Kolonie gegen äussere Feinde. Hierüber sagt Scheitlin: „Sobald mit einem Beil u. s. w. in den Bau ein Loch geschlagen worden, kommt einer heraus zu schauen; er kehrt zurück; es kommen viele herbei, und endlich so viele, als durchkommen können. Alle sind wild, wüthend. In der Hitze stürzen sie, des schweren Kopfes wegen, bisweilen am Hügel herunter, sie können sich jedoch wieder hinaufhelfen. Sie beissen sich so arg in die Beine der Menschen hinein, dass Blutflecken entstehen, und lassen nicht los, wenn man sie entzwei reisst. Je näher man beim Eindringen den Zimmern des königlichen Paares kommt, um so verzweiflungsvoller kämpfen sie. Keiner flieht; es müssen alle umgebracht werden. Eine Million solcher Krieger ist beinahe für den Menschen unüberwindlich."[2]) In manchen Gegenden Afrikas und Indiens stehen

---

[1]) Versuch einer vollständigen Thierseelenkunde. Stuttgart 1840. Bd. 1, S. 453.

[2]) A. a. O. S. 454 f.

oft viele Dutzende solcher Termitenhügel in nicht grosser Entfernung von einander, so dass sie von Ferne einem Dorfe nicht unähnlich scheinen.

15. Wenn man nun die Thatsachen, welche wir aus dem vielgestaltigen Lebenskreise der Thiere ausgehoben und, freilich nur in dürftiger Zeichnung, auf den Plan gestellt haben, sammt und sonders genau anschaut, so kann man wahrlich nicht umhin, einzugestehen, dass sie mit den vernünftigen und bewussten Handlungen der Menschen eine ganz frappante Aehnlichkeit besitzen. Wie den Menschen, so ist es auch den jedenfalls graduell unter ihnen stehenden Thieren durch die Gunst der Natur verliehen, je nach der Verschiedenheit des Zweckes das passendste Mittel auszuwählen, es ist mit andern Worten nicht bloss dem Wirken und Walten der Menschen, sondern auch dem der Thiere der Stempel höchster Zweckmässigkeit aufgeprägt. Darum halten wir es, wenn auch nicht grade für entschuldbar, so denn doch wenigstens für begreiflich, wenn Jemand, der da einzig nur die vorgeführten Thatsachen und andere von gleicher Art ins Auge fasst, gar leicht der Vermuthung Raum gewährt, dass die auffallende Harmonie, der überraschende Einklang zwischen Mittel und Zweck, wie beim Menschen, so auch beim Thiere durch eine ihm angehörige Vernunft oder zum mindesten durch ein Vermögen bedingt und hergestellt werde, welches mit der Vernunft resp. mit dem Verstande des Menschen dem Wesen nach identisch ist. Haben ja auch die Lehrer der mittelalterlichen Schulen, an ihrer Spitze der h. Thomas von Aquin, welche doch zwischen Mensch und Thier nicht eine graduelle, sondern eine essenzielle Verschiedenheit statuirten, zur Erklärung der Thatsache, dass das Thier ähnlich dem Menschen das Nützliche und Schädliche erkennt und Beides von einander unterscheidet, dem Thiere ein eigenes Vermögen vindizirt, nämlich die sogenannte vis aestimativa oder Abschätzungsgabe, und die ihm beim Menschen entsprechende Kraft, die vis cogitativa, sogar ratio particularis d. i. partikuläre Vernunft genannt, obgleich sie freilich auch, um falschen Konsequenzen aus letzterer Bezeichnung vorzubeugen, aus- und nachdrücklich hervorhoben, dass die vis

cogitativa des Menschen ebenso, wie die ihr entsprechende vis aestimativa des Thieres, nichts Anderes, als eine sinnliche und organische Kraft darstelle.

Den Schein der Vernünftigkeit resp. Verständigkeit hat das Thier also, wie gesagt, für sich; obige Thatsachen und ausserdem noch viele andere liessen sich wirklich, offen gestanden, ganz schlicht und leicht erklären, falls dem Thier das Vermögen einer menschenähnlichen Vernunft innewohnte. Doch bevor man zu der tiefgreifenden Behauptung übergehen darf, dass das Thier mit einem solchen Vermögen auch in Wahrheit und Wirklichkeit ausgerüstet sei, müsste erst noch festgestellt sein, dass es keine einzige Thatsache im Kreise des Thierlebens zu verzeichnen giebt, welche mit einer Vernunft bezw. mit einem Verstande des Thieres absolut und schlechterdings unvereinbar ist. Denn lässt sich auch nur eine einzige Thatsache der letzteren Art aufweisen, so ist damit auch dem Kühnsten der Weg zu jener Behauptung auf immer versperrt, mit dem blossen Scheine einer Vernünftigkeit des Thieres hat es dann sein Bewenden. Und so verhält es sich wirklich, wie die sogleich zu beginnende Untersuchung klar zeigen wird, nur mit dem Unterschiede, dass uns bei der Durchmusterung des Thierlebens nicht eine einzige Erscheinung, sondern eine ganze Reihe solcher Erscheinungen begegnet, mit welchen die Hypothese von der Vernunft resp. von dem Verstand des Thieres in grellstem Widerspruche steht.

16. Die Vernunft und der Verstand des Menschen gelten uns übrigens als sachlich identisch, wir betrachten sie als ein einziges Vermögen, und darum sprechen wir sie beide zugleich dem Thiere ab. Wie aber, wenn Vernunft und Verstand des Menschen zwei verschiedene und geschiedene Kräfte wären? In der That hat sich seit Kant, dem philosophischen Einsiedler von Königsberg, und mehr vielleicht noch seit Hegel, dem philosophischen Deliranten von Berlin, nicht bloss in den abgegrenzten Zirkeln der Gelehrten, sondern auch ausserhalb derselben bei dem mit Unrecht so genannten „profanum vulgus“ die Meinung verbreitet und festgesetzt, dass Vernunft und Verstand des Menschen zwei selbständige Kräfte bildeten, wovon die erstere

der letzteren übergeordnet sei. Und daraus begreift es sich denn, dass man heutzutage vielerwärts dem Thiere zwar keine Vernunft, aber denn doch einen Verstand zuschreibt, d. i. ein selbständiges Vermögen, worauf die merkwürdige Zweckmässigkeit seiner Thätigkeiten als auf ihren Ursprung zurückweise. Den Anhängern dieser Lehre gegenüber laden wir natürlich den Anschein auf uns, als ob wir, nach einer Hinsicht wenigstens, gleich dem Don Quixote den Kampf mit Windmühlen beginnen wollten, dadurch nämlich, dass wir uns bemühen, dem Thiere nicht bloss den Verstand, sondern auch die Vernunft rechtlich abzuerkennen. Um den unliebsamen Anschein zu verlieren, wollen wir uns mit ihnen kurz auseinandersetzen, bevor wir in das bereits angekündigte Beweisverfahren eintreten.

17. Es ist allerdings nicht zu läugnen, dass die Psychologie beim Menschen Vernunft und Verstand von einander unterscheidet. Allein nach den ausführlichen und tiefgehenden Untersuchungen, welche sie über das Verhältniss der Beiden anstellt, darf man den Unterschied derselben nicht in dem Sinne verstehen, als ob Vernunft und Verstand zwei der Sache nach verschiedene, zwei selbständige Kräfte der menschlichen Seele darstellten, vielmehr hat man sich unter denselben nur zwei verschiedene Seiten oder Richtungen in der Thätigkeit ein und des nämlichen Vermögens zu denken. Und dies ist das übersinnliche Erkenntnissvermögen, so genannt, weil es in der Tragweite seiner Bethätigung über die der Sinne hinausreicht. Spricht man von ihm bloss insofern, als es intuitiv, d. h. nach Weise der ruhigen Anschauung und einfachen Vorstellung, nach Weise des Einsehens und Urtheilens, thätig ist, so nennt man es Vernunft, handelt man aber über dasselbe insofern, als es mit diskursiver Thätigkeit, d. h. in der Bewegung von einer Erkenntniss zur andern begriffen, also nachdenkend und überlegend, ableitend und folgernd, schliessend und beweisend auftritt, so wird es als Verstand bezeichnet. Die Verstandesthätigkeit steht im Range tiefer, als die Vernunftthätigkeit, und ist ihr untergeordnet, weil das Ableiten und Schliessen in der ruhigen Erkenntniss und Anschauung, wie seinen Anfang,

so auch sein Ende und seinen Zweck hat; wir folgern und beweisen ja, um zu einem Urtheil, zur Einsicht zu gelangen. Darum begreift es sich denn leicht, dass es Niemanden in den Sinn kommt, zu behaupten, das Thier habe zwar keinen Verstand, wohl aber Vernunft, weil man sonst dem gerechten Vorwurfe nicht ausweichen könnte, das Thier noch über den Menschen erhoben zu haben. Die Verstandesthätigkeit ist sodann auch nicht möglich ohne Vernunfterkenntniss; das Ableiten, Folgern, Schliessen und Beweisen kann ja doch nur dann stattfinden, wenn schon Erkenntnisse vorliegen und in ihrer Wahrheit klar angeschaut werden, woran die Operationen des Ableitens u. s. w. sich anlehnen sollen. Wer daher behauptet, das Thier besitze einen Verstand, der muss konsequent und naturgemäss ihm auch eine Vernunft zuschreiben und insofern den Materialisten zur bruderschaftlichen Vereinigung die Hand reichen. Und Dies wäre auch dann noch wahr, wenn Vernunft und Verstand zwei verschiedene und geschiedene Vermögen wären; ihr natürliches Verhältniss zu einander wäre genau so, wie das soeben geschilderte. Trifft aber das Gesagte zu, dann leuchtet ein, dass der von uns nunmehr in Angriff zu nehmende Beweis seine ganze Fronte nicht bloss gegen die Materialisten kehrt, sondern zugleich auch gegen Diejenigen, welche da, gewissermassen zur Versöhnung der Gegensätze, frisch und munter behaupten, dass das Thier zwar keine Vernunft, wohl aber einen Verstand besitze.

18. Schliesslich sei bemerkt, dass das übersinnliche Erkenntnissvermögen auch nach beiden Richtungen seiner vorhin skizzirten Thätigkeit zugleich bald Vernunft, bald Verstand genannt wird, wobei dann die beiden Ausdrücke natürlich eine weitere Fassung und Bedeutung erhalten. In diesem weiteren und allgemeineren Sinne wollen wir es verstanden haben, wenn wir behaupten, dass das Thier keine Vernunft, keinen Verstand besitze. Wir gehen nunmehr zum Beweise unserer Behauptung über, indem wir Thatsachen anführen, welche mit Annahme eines Thierverstandes in diametralem Gegensatze stehen.

II.

Verstandeswidrige Thätigkeiten im Kreise des Thierlebens.

1. Ehe wir uns anschicken, verstandeswidrige Thätigkeiten aus der Lebenssphäre der Thiere aufzulesen und nacheinander vorzuführen, d. h. solche Thatsachen, welche mit der Hypothese von einem thierischen Verstande in schneidendstem Kontraste stehen, wollen wir einen Einwand, der sich wie ein Bleigewicht an unser Verfahren anhängen und die Beweiskraft der einzelnen Thatsachen lähmen könnte, von vornherein aus dem Wege räumen. Es könnte nämlich Jemanden in den Sinn kommen, allen Ernstes zu behaupten, dass man gegen die Regeln der Logik schwer verstosse, dass man sogar ein Sophisma, das sophisma fictae universalitatis begehe, wenn man aus einer verstandeswidrigen Erscheinung, welche bloss an einzelnen Individuen einer Art beobachtet worden, sofort schon einen Schluss auf die ganze Art sich erlaube, um wie viel mehr erst dann, wenn man ihn auf die ihr übergeordnete Gattung sowie auf die andern Gattungen der Thierwelt ausdehne, welche dabei in keiner Weise betheiligt gewesen. Und darum entbehre ein solches Verfahren des wissenschaftlichen Charakters und Werthes. Auf den ersten oberflächlichen Blick hin freilich will es in der That scheinen, als ob diesem Einwand seine volle Berechtigung und eine durchschlagende Kraft gesichert sei; jedoch bei genauerm und schärferm Zusehen tritt das gerade Gegentheil davon in das Gesichtsfeld.

2. Um mit dem ersten Punkte des Einwandes zu beginnen, so ist es ganz gewiss richtig, dass man eine beliebige Erscheinung, welche bei diesem oder jenem einzelnen Thiere konstatirt wurde, nicht schon ohne Weiteres auf die ganze Art,

wozu es gehört, übertragen darf, um dann zu Ungunsten oder zu Gunsten der Thiere ein Argument aus ihr herzuleiten; und insoweit müsste man dann auch jenem Einwande Gerechtigkeit widerfahren lassen. Allein an jetziger Stelle gehen wir gar nicht also zu Werke; wir argumentiren vielmehr nur aus solchen Thatsachen und Erscheinungen, welche bei einer grössern Anzahl individuell ganz verschiedener Thiere jedes Mal auf die gleiche Weise vorkamen und desshalb mit der spezifischen Natur derselben und dem ihnen eigenthümlichen Vermögen nicht in einem zufälligen und losen, sondern in einem wesentlichen und nothwendigen Zusammenhang stehen, welche darum auch auf alle andern Thiere von derselben Wesenheit und Natur mit Recht übertragen werden dürfen. Und ein solches Verfahren wird durch die Regeln der Logik nicht gestürzt, sondern vielmehr gestützt und geschützt; es ist ebenso legitim und berechtigt, wie die Methode sämmtlicher induktiven Wissenschaften, welche ja in weitaus den meisten Fällen mit einer sogenannten inductio incompleta, d. i. mit einer theilweisen Aufzählung der zu einer Art oder Gattung gehörenden Dinge operiren und dennoch ihren Schlüssen den Charakter der Allgemeinheit vindiziren dürfen. Jenem Verfahren wie der Methode dieser Wissenschaften dient als unentwegbare Basis die fast zu einem Grundsatze erhobene Lehre, dass die Natur einer Art oder Gattung bei all ihren Umfangsgliedern sich immer getreu bleibt und überall unter sonst gleichen Umständen sich auf die nämliche Weise manifestirt. Damit wäre denn obiger Einwand in seinem ersten Punkte widerlegt und beseitigt.

3. Wie werden wir ihm nun in seinem zweiten Punkte siegreich begegnen, wie werden wir es mit andern Worten genugsam rechtfertigen, dass wir nebst vielen, vielen Andern aus den verstandeswidrigen Thätigkeiten einzelner Thiere nicht etwa bloss auf die ihnen entsprechende Art und Gattung, sondern auch auf alle übrigen nicht untersuchten Arten und Gattungen des Thierreiches mit Sicherheit schliessen, dadurch also sämmtliche Thiere gewissermassen solidarisch für Dasjenige verantwortlich machen, was nur einzelne aus ihnen vollbringen? Um unsern wissenschaftlichen Gegnern, den Materialisten, eine Antwort

auf diese Frage zu geben, bedarf es keiner weiten Aus- und Umschau; ihr eigenes Verfahren deckt das unsrige. Sie schliessen ja auch von den verstandesmässigen Thätigkeiten, welche nur bei einzelnen Individuen beobachtet wurden, auf alle übrigen Thiere derselben Art und verallgemeinern dann den Schluss bis zu dem Grade, dass sie allen Thieren ohne Ausnahme, selbst Thieren von solchen Arten, welche noch keine Prüfung passirt haben, das Vermögen des menschlichen Verstandes zuerkennen. Und Angesichts dessen sagen wir mit dem Dichter Horaz: „Hanc veniam damus petimusque vicissim“, was die Materialisten sich erlauben, können sie uns nicht verwehren; gleiches Recht für Alle. Doch damit ist die gestellte Frage eigentlich nicht gelöst und Denjenigen noch keine Rechnung getragen, welche jenen zweiten Punkt des Einwandes uns entgegenhalten, ohne zur Fahne der Materialisten zu schwören. Auch Dies muss geschehen. Zu dem Ende sei nachdrücklichst darauf aufmerksam gemacht, dass alle Thiere ohne Ausnahme, von den unvollkommensten, den Wurzelfüssern nämlich, angefangen bis hinauf zu den vollkommensten, d. i. den Säugethieren, wie manchfach sie auch von der Zoologie unterschieden und abgetheilt werden mögen, dennoch den Grundtypus des Thieres, Dasjenige, woraus die Natur und Wesenheit des Thieres im Allgemeinen besteht, ganz genau mit einander gemeinsam haben; nicht als wirbellose und Wirbelthiere, nicht als Luft-, Land- und Wasserthiere, oder wie sonst die Eintheilungen lauten mögen, sondern einfachhin und im Allgemeinen als Thiere betrachtet, sind sie alle von der nämlichen Wesenheit und Natur, wie ja auch anderwärts all Dasjenige, was an demselben Namen und Begriff partizipirt, ein und die nämliche Natur besitzt. Da nun die Natur, wie schon zuvor gesagt, sich immer getreu bleibt, so braucht es mit Bezug auf diese oder jene Thätigkeit im Lebenskreise der beobachteten Thiere nur festzustehen, dass sie von denselben nicht insofern verrichtet werden, als sie Thiere dieser oder jener bestimmten zoologischen Art, sondern vielmehr insofern, als sie überhaupt Thiere sind; es bedarf mit andern Worten bei einer solchen Thätigkeit nur des Nachweises, dass sie in der allgemeinen thierischen Natur und

Wesenheit der untersuchten Thiere wurzelt und daraus hervorging, um sie dann ohne Weiteres auch auf diejenigen Thierarten übertragen zu dürfen, von denen bis dahin noch kein einziges Exemplar der Untersuchung und Beobachtung zugänglich war, um also von allen Thieren sämmtlicher Arten behaupten zu dürfen, dass sie im gegebenen Falle, wenn auch nicht gerade den äussern Einzelheiten und Zufälligkeiten, so denn doch dem Wesen und den Grundzügen nach ganz die nämliche Thätigkeit verrichten. Hienach ist es denn, um die Behauptung zu rechtfertigen, dass bei allen möglichen Thierarten verstandeswidrige Thätigkeiten vorkommen, durchaus nicht nöthig, alle einzelne Arten und Abarten der Thiere sorgfältig zu durchmustern und in jeder derselben eine solche Thätigkeit aufzuspüren, für unsern Zweck genügt es vollkommen, wenn konstatirt wird, dass diese oder jene verstandeswidrige Thätigkeit einzelner Thiere in der allgemeinen thierischen Natur ihren tieferen Grund hat, darin ihre Wurzeln treibt. Und der Nachweis ist schon geführt, wenn sich die betreffende Thätigkeit ihrem Wesen nach bei solchen Thieren beobachten liess, welche zufolge ihres besondern Artcharakters zu einander in keinem Verwandtschaftsverhältnisse stehen und desshalb in der zoologischen Gliederung des Thierreiches oft weit auseinander gerückt sind. Von analogen Erwägungen liess sich z. B. der berühmte Astronom Newton leiten, als er das Gravitationsgesetz, welches er zunächst nur für die Sonne gegenüber den Planeten sowie für die Erde gegenüber dem Monde entdeckt hatte, auch auf die andern Himmelskörper übertrug.

4. Nachdem wir nunmehr mit dem Anfangs gestellten Einwande gründliche Abrechnung gehalten und durch seine Erledigung uns freie Bahn gebrochen haben, wollen wir dazu übergehen, solche Thätigkeiten und Erscheinungen, welche mit der Annahme eines menschenähnlichen Verstandes beim Thiere in offenbarem und schroffem Gegensatze stehen, zu sammeln und der Reihe nach Revüe passiren zu lassen.

a) Das Thier überlegt nicht.

5. Der Mensch pflegt vor seinem Handeln und Wirken zu überlegen, wie er am leichtesten, schnellsten und sichersten an das gesteckte Ziel gelange; und um so länger währt die Ueberlegung, um so reiflicher wird sie angestellt, je wichtiger die Sache ist, um die es sich gerade handelt. So soll es auch sein.

„Das ist's ja, was den Menschen zieret,
Und dazu ward ihm der Verstand,
Dass er im innern Herzen spüret,
Was er erschafft mit seiner Hand."

Wenn aber der Mensch überlegt, geht er also zu Werke: Vorerst schaut er sich nach Mitteln um, welche ihm zur Erreichung des Zieles behülflich zu sein scheinen, indem er dieses und jenes Ding aufmerksam betrachtet und sorgfältig prüft, ob es in irgend einer Beziehung zu dem gewollten Ziele stehe und nach irgend einer Seite seines Seins von Natur aus dahin inklinire, darauf hingeordnet sei. Alsdann vergleicht er die gefundenen Mittel in Bezug auf ihre Zweckdienlich- und Zweckmässigkeit, er wägt sie gegeneinander ab, von einem zu dem andern hinüberschauend, um sich endlich für dasjenige zu entscheiden, was sich ihm für den gerade vorliegenden Zweck als das passendste erweist. Erst nachdem dieser Prozess zu Ende gegangen, wobei selbstredend eine kürzere oder längere Zeit verfliesst, tritt der Mensch in die Aktion ein; er wendet sich zu dem erkorenen Mittel hin, er ergreift es und setzt es nach der Richtung des ihm vorschwebenden Zieles in Bewegung. Zu diesem kurz skizzirten Reflexionsprozess ist aber der Mensch unbestreitbarer- und unbestrittenermassen nur desshalb befähigt, weil er das Vermögen des Verstandes besitzt, dasjenige Vermögen, mittels dessen er nicht bloss die Zweckmässigkeit einer Sache sammt all ihren anderen übersinnlichen d. i. rein rationellen Beziehungen erfasst, sondern zugleich auch darüber nachsinnt und urtheilt, daraus folgert und schliesst, und das Endresultat der Ueberlegung wie auch ihren ganzen Verlauf sich zum Bewusstsein bringt. Besässe das Thier nun ebenfalls das Vermögen eines menschenähnlichen Verstandes, wie es die Materialisten behaupten, so müsste man mit Nothwendigkeit erwarten, dass es, wenn auch nicht gerade immer, so denn doch meistens oder wenigstens zuweilen reflektire und überlege, bevor es eine Thätigkeit beginnt, bevor es nach einem Ziele strebt. Allein das Thier überlegt niemals; so lehrt es die Erfahrung und Beobachtung auf die unzweideutigste Weise.

6. Einen Beweis für unsere Behauptung finden wir in dem Umstande, dass die Thiere, so oft es für sie gilt, irgend Etwas anzustreben oder auszuführen, zu dem Ende sogleich und ohne das allermindeste Zaudern, auch beim ersten Falle schon, das zweckmässigste Mittel ergreifen. Hören wir einige Beispiele, welche das Gesagte illustriren. Sobald die Wasserschildkröte aus dem Ei herausgeschlüpft ist, steuert sie ohne jedwedes Zögern und Besinnen geradenwegs auf das $^1/_2$ Seemeile und noch darüber entfernte Meer zu, welches sie absolut nicht sehen kann, und lenkt auch, falls man ihre Bewegung anderswohin dirigirt, immer wieder in die anfängliche Richtung zurück. „Ein in den Süsswassern Carolina's von Bosc beobachteter Fisch, der Seomepines der Indianer (Hydrargyra), der seinen Mund durch eine Haut verschliessen kann, vermag sich aus dem Wasser zu erheben und sprungweise nach einem andern zu bewegen, wobei er immer die gerade Richtung gegen das nächste Gewässer nimmt, obschon er es nicht sehen kann.“[1]) Junge Zugvögel, welche zur Zeit der Auswanderung ihrer Artgenossen im Käfig zurückgehalten und einige Tage danach in Freiheit gesetzt werden, nehmen sofort dieselbe Flugrichtung, nach welcher die andern fortzogen, auch wenn sie von dem Abschiede derselben nicht das Geringste merken konnten, und wandern auch genau den nämlichen Weg, wie die andern, obschon sie ihn niemals kennen gelernt haben; das Gleiche kann man bei denjenigen jungen Zugvögeln beobachten, welche, wie die Kukuke, stets einzeln auswandern. Brieftauben, welche man in einem dunkelbehangenen Käfig nach einem viele Meilen weit entlegenen Orte transportirt, und zwar so, dass der Käfig sich dabei oftmals in die Kreuz und Quer umdreht, fliegen, nachdem sie freigelassen sind und sich einige Mal in der Luft

---

[1]) Perty: A. a. O. S. 350.

herumgetummelt haben, ohne im Geringsten zu irren, sofort in gerader Richtung der Heimat zu. Beim Springen von einem Baumast zum andern erreichen die Vögel, die jungen, wie die alten, ihr Ziel mit Sicherheit, ohne sich auch nur einen Augenblick Zeit zum Nachdenken und zur Abschätzung der jedesmaligen Entfernung zu gönnen. Das neugeborene Kalb beginnt, wenn es die Euter der Mutter findet, sofort unter wiederholtem Stossen zu saugen, obgleich es doch ganz gewiss von den Gesetzen der Druck- und Saugpumpe Nichts kennt. Aehnlichen Thatsachen begegnet man so zu sagen auf jedem Schritt und Tritt, wenn man das Thierreich durchwandert. Jedes Thier ist, je nach seiner Art, gleich schon beim ersten Male ohne alle und jede Ueberlegung auf die zweckmässigste Weise thätig, oftmals bis zu dem Grade, dass dieselbe der Zweckmässigkeit im Handeln und Wirken des Menschen geradezu spottet. Hiebei setzen wir freilich voraus, dass das Thier in denjenigen Verhältnissen sich befindet, welche die Natur ihm als die seinigen, als die ihm heimischsten angewiesen hat.

7. Allein, so könnte man hier fragend einwenden, ist denn das Ergreifen des jedesmalig zweckmässigsten Mittels nicht umgekehrt der schlagendste Beweis gerade dafür, dass bei den Thieren vor dem Vollzug ihrer Thätigkeiten eine, wenn auch noch so kurze Ueberlegung statthat? Wir gestehen gerne, dass der von uns soeben erbrachte Beweis ganz das Aussehen eines Paradoxon hat und seine Spitze gegen unsere obige Behauptung zu kehren scheint; bei näherer Untersuchung zerrinnt aber der Schein, um die Wahrheit und Vollkraft des Beweises desto mehr ans Licht treten zu lassen.

Zu dem Ende machen wir zunächst darauf aufmerksam, dass auch beim Menschen höchst zweckmässige Thätigkeiten vorkommen, welche auf keiner vorausgehenden Ueberlegung seiner Vernunft beruhen. So z. B. erweitern und verengen alle Menschen je nach dem Masse des einstrahlenden Lichtes die Pupille des Auges zur Unterstützung oder zum Schutze seiner Sehkraft; alle ziehen, um deutlicher zu sehen, die Augenbrauen etwas herab und überschatten dabei das Auge zuweilen auch noch mit der Hand; alle heben und senken, jenachdem sie einen höheren oder tieferen Ton singen wollen, den Kehlkopf bald mehr bald weniger, wodurch in entsprechendem Masse die Luftsäule der Rachenhöhle verkürzt resp. verlängert wird; alle lassen die Stimmbänder ihrer ganzen Breite nach schwingen, wenn sie einen sogenannten Brustton, und bloss die Seitenränder derselben, wenn sie einen sog. Kopf- oder Fistelton singen wollen; alle führen beim Schlucken den Kehlkopf unter die Zungenwurzel, so dass der herunterzuschluckende Bissen ohne Gefahr für die Luftröhre über die Zunge in die Speiseröhre gleitet; alle ziehen beim Kauen die untere Kinnlade nicht bloss einfach gegen die obere, sondern zugleich auch etwas seitlich, wodurch die Speisen desto leichter zermahlt werden; alle strecken beim Fallen sogleich den Arm oder das Bein nach der dem Fall entgegengesetzten Richtung aus, um womöglich das Gleichgewicht des Körpers wieder herzustellen. Die genannten und noch viele andere Thätigkeiten werden von den meisten Menschen verrichtet, ohne dass sie jemals über die beste Art ihrer Verrichtung nachgedacht, geschweige denn dass sie den Grund ihrer Zweckmässigkeit mit dem Auge ihrer Seele erschaut hätten; ja noch mehr, nicht wenige von jenen Thätigkeiten sind selbst weitaus den meisten Menschen gänzlich unbekannt. Offenbaren aber die Menschen in ihren Handlungen Zweckmässigkeiten, welche unmöglich als der konzentrirte Niederschlag einer ihrerseits gepflogenen Ueberlegung betrachtet werden dürfen, so folgt mit Nothwendigkeit, dass das Ergreifen des jedesmalig zweckmässigsten Mittels von Seiten des Thieres an sich noch keineswegs auf eine in ihm stattfindende Ueberlegung als auf seine Ursache zurückweist.

Sodann möchten wir hier auch noch den wichtigen Umstand in den Kreis der Erwägung hereingezogen wissen, dass der Mensch, wenn er in dieser oder jenen Kunst es bis zur höchsten Vollendung, bis zur Virtuosität gebracht hat, in der praktischen Ausübung seiner Kunst, wenigstens bei den rein mechanischen Arbeiten derselben über die Weise ihrer Verrichtung nicht mehr überlegt, wiewohl er sich nur mit Hülfe des überlegenden Verstandes die technische Fertigkeit dazu erworben hat. Oder wird z. B. Jemand, welcher die Kunst des Schreibens oder

Malens nach ihrem ganzen Umfange besitzt, während des Schreibens oder Malens noch darüber nachdenken, wie er die Feder oder den Pinsel führen soll? Wird ein Violin- oder Klavier-Virtuos während des Spiels noch mit sich zu Rathe gehen, wie er von dem Fingersatz beim Anschlag der Saiten oder Tasten Gebrauch machen solle? Nur dann überlegt Jemand bei Ausübung einer Kunst über die Verrichtung rein mechanischer Thätigkeiten, wenn er den Grad eines vollendeten Meisters und Künstlers noch nicht erreicht hat. Sagte darum auch schon Aristoteles[1]) „Die vollkommene Kunst besinnt sich nicht, so leicht ist derselben ihre Ausübung.“ Wenn nun aber der Mensch auf den verschiedenen Gebieten der Kunst bei der Ausführung rein mechanischer Arbeiten höchst natur- und zweckgemäss sich bethätigt, ohne auch nur im Geringsten dabei im Augenblick zu überlegen, ja wenn er gerade dadurch von seiner Kunstfertigkeit den vollgültigsten Beweis ablegt, dass er zur zweckmässigen Verrichtung solcher Arbeiten gar keiner sie begleitenden Ueberlegung mehr bedarf, dann fehlt es an aller und jeder Berechtigung zu der Behauptung, dass das Thier überlege, weil es beim Anstreben seiner Ziele jedes Mal sofort schon das zweckmässigste Mittel ergreife; um so mehr fehlt es an der Berechtigung, als ja auch die jungen Thiere, bei welchen von einer Ausbildung und allmäligen Gewöhnung noch keine Rede sein kann, im Augenblicke des ersten Bedarfs auf der Stelle das zweckmässigste Mittel wählen. So lange also nicht auf anderm Wege und mit andern Thatsachen der Beweis erbracht wird, dass das Thier gleich dem Menschen vor seinem Thun und Lassen überlege, dürfen wir im Hinblicke auf sein zweckgemässes Wirken kühn behaupten: Das Thier überlegt nie.

8. Den zweiten Beweis für diese Behauptung bildet die Thatsache, dass das Thier seine Thätigkeiten den heimischen und ursprünglichen Verhältnissen seines Lebens nicht anpasst; denn werden diese Verhältnisse durch die Hand des Menschen oder durch ein Spiel der Natur geändert, so bethätigt sich das Thier trotzdem wieder auf die frühere Art und Weise, obgleich

---

[1]) Ethic. Nicom. l. 3, c. 8.

doch nunmehr viele seiner Thätigkeiten ganz zwecklos oder gar vollends zweckwidrig sind.

Jungeingefangene Biber z. B. führen oftmals in einem Stalle dieselben Bauten auf, welche ihre Artsgenossen an dem Wasser errichten, obgleich doch die Arbeit der Ersteren ganz sinn- und zwecklos ist. Ebenso bauen nicht selten auch Vögel, welche im Käfige zu ehelosem Leben verurtheilt sind, Männchen sowohl als Weibchen, aus den vorgelegten Stoffen ein Nest, welches in diesem Falle ja gar keinen Zweck hat. Das Insekt, welches begierig in einem Zimmer das Licht sucht, schwirrt zwecklos an den geschlossenen Fenstern hinauf und herab, ohne abzulassen, und ebenso stösst ein Hecht, welcher in einem Aquarium durch eine Glaswand von andern Fischen getrennt ist, Monate lang ganz sinn- und zwecklos gegen das Glas. Unsere Haushähne, welche regelmässig mit einander in Kampf gerathen, sobald es sich um den Alleinbesitz einer Henne handelt, kämpfen ebenso heftig, wie bei den in Spanien beliebten Hahnenkämpfen, obgleich doch der Wettkampf in Fällen der letztern Art für sie selbst keinem Zwecke dient. Nimmt man einem Vogel im höchsten Stadium seines Bruttriebes die Eier hinweg, so brütet er noch eine Zeit lang resultat- und zwecklos in dem leeren Neste weiter, Hühner setzen sich in solchen Fällen selbst auf eine eiserne Kette oder auf einen alten Pferdestriegel, um hartnäckig weiter zu brüten. Unsere Hennen brüten im natürlichen Verlaufe der Dinge nur über Eiern, und zwar über selbstgelegten; bringt man aber an Stelle derselben eiförmig abgerundete Kreidestücke, so versuchen sie auch an diesen ihre Kunst, natürlich vergebens und darum zwecklos. Ebenso zwecklos ist auch das Angstgeschrei, mit welchem eine Glucke am Ufer eines Baches auf- und niederläuft, wenn die jungen Enten darauf umherschwimmen, die sie unwissend ausgebrütet hat und für Hühnchen hält. Die Bassgans, ein Seevogel des Nordens, brütet nicht nur zwecklos weiter, nachdem ihr die Eier geraubt worden, ebenso zwecklos fliegt sie auch zur Zeit, da sie im unberaubten Zustande Junge haben würde, nach Futter aus, bringt solches in Menge heim und speit es ins Nest hinein, als ob wirklich Junge darin wären. Aehnlich verfährt der Tölpel, ein Schwimmvogel; er schleppt Fische herbei und würgt sie aus für ein Junges, was nicht mehr existirt oder nie existirt hat. Die Schnepfen und Rebhühner, welche durchweg ein bodenfarbiges Gefieder haben, drücken sich im Augenblicke der Gefahr gewöhnlich fest an den Boden, wodurch sie dem Auge des Verfolgers leicht entgehen; ihre schneeweissen Artsgenossen, welche unter dem Namen Leucismen zuweilen vorkommen, thun das Nämliche, obgleich sie allen Grund hätten, das Weite zu suchen, da sie durch ihre vom Boden abstechende Farbe gerade verrathen werden. Unsere Schmeissfliegen legen ihre Eier gewöhnlich nur in faulendes Fleisch, welches für die bald nachher auskriechenden Maden die eigentliche Nahrung ausmacht; durch den aasartigen Geruch der Stapelien, welche von dem Vorgebirge der guten Hoffnung, sowie der Rafflesia Arnoldii, der Riesin unter den Blumen, welche von der Insel Sumatra in unsere Gärten und Treibhäuser verpflanzt worden, legen sie auch in deren Blumenkelch Eier, allerdings ganz zweckwidrig, weil die darin auskriechenden Maden wegen gänzlichen Mangels an Nahrung umkommen müssen. Raubt man einer Katze die schon ziemlich erwachsenen Jungen, welche auf dem Punkte stehen, entwöhnt zu werden, und legt dann heimlich an deren Stelle die Jungen einer andern Katze, welche verhältnissmässig noch sehr weit in der Entwickelung zurück sind, so säugt sie nicht selten auch diese ohne Weiteres, aber nur mehr für eine kurze Dauer; alsdann bringt sie ihnen ganz zweckwidrig als Futter kleine Mäuse, welche von denselben manchmal noch gar nicht gesehen, geschweige denn verzehrt werden können, den anfänglichen Jungen aber schon als passende Nahrung um diese Zeit dienten, und darum müssen die untergeschobenen Jungen vor den Augen der besorgten Mutterkatze zu Grunde gehen. „Der Walfisch entgeht den ihn verfolgenden Schwertfischen, indem er sich in die Tiefe stürzt, deren Wasserdruck jene nicht aushalten können; von einer Harpune getroffen thut er (zweckwidrigerweise) das Gleiche und bleibt so in der Gewalt der Walfischfänger, welcher er beim Geradefortschwimmen und dadurch bewirkten Zerreissen der Leine entgehen würde.“[1])

[1]) Perty: A. a. O. S. 127.

Die Lemminge, eine Mäuseart des nördlichsten Europas, ziehen auf ihrer alle 18—20 Jahre eintretenden Wanderung von den schwedischen Alpen nach dem bottnischen Meere immer in ganz gerader Richtung, über Häuser und Hügel, die auf ihrer Route liegen, hinweg und nicht um sie herum, mitten durch die Flüsse, wenn auch Tausende ertrinken und die Brücke ganz nahe ist.

Alle diese Thatsachen, denen sich noch eine stattliche Anzahl anderer von ähnlicher Art anreihen liesse, legen das unwidersprechlichste Zeugniss dafür ab, dass das Thier unter ganz neuen und fremden, auf den gewöhnlichen Ablauf seines Lebens nicht berechneten Verhältnissen bei seinem Thun und Wirken nicht überlegt, freilich auch nicht rath- und thatlos wird, sondern vielmehr ohne Weiteres blindlings seinen Trieben und ihren Richtungen Heeresfolge leistet. Ueberlegt aber das Thier nicht einmal dann, wenn die Eigenthümlichkeit seiner veränderten Umgebung eine ganz sorgfältige Ueberlegung gebieterisch forderte, so ergiebt sich daraus mit Nothwendigkeit und Evidenz, dass es bei der regelmässigen Wiederkehr seiner heimatlichen Verhältnisse, in denen Alles ohne ein Zuthun seinerseits mit seinem Weben und Leben in schönster Harmonie steht, wo desshalb eine Ueberlegung absolut nicht vonnöthen ist, noch um so weniger der Ueberlegung obliegt. Und damit springt denn die Wahrheit unserer Behauptung: Das Thier überlegt niemals, sonnenklar zum zweiten Male in die Augen.

9. Die Thatsache nun, dass die Thiere niemals überlegen, lässt sich mit der Hypothese der Materialisten, wonach das Thier einen menschenartigen Verstand besitzt, absolut nicht vereinbaren, ja sie steht mit ihr in offenem und schnurstrackem Widerspruch. Mögen auch die Zweckmässigkeiten in der Lebensentfaltung der einzelnen Thierarten so zahllos sein, wie der Sand am Meere, mögen sie ob ihres frappanten Aussehens oftmals auch noch so sehr auf die Vermuthung hinführen, dass sie in einer vorausgegangenen Ueberlegung der Thiere ihre Wurzeln treiben; die unumstösslich feststehende Thatsache, dass die Thiere sammt und sonders nicht bloss vor ihren zwecklosen und zweckwidrigen, sondern auch vor ihren zweckmässigen

Thätigkeiten faktisch nicht überlegen, wird nur aus dem Umstande erklärlich, dass den Thieren das Vermögen der Ueberlegung fehlt, dass sie mit andern Worten keinen Verstand besitzen. Wenn ein Metallstab niemals Eisen anzieht, wer wird ihm dann eine magnetische Kraft vindiziren; wenn das Ohr eines Menschen immer und unter allen Verhältnissen seinen Dienst versagt, wer wird dann behaupten, dass ihm die Kraft zum Hören eigne? Niemand, der zu den Vernünftigen gezählt sein will. Wo immer einem Wesen eine besondere Kraft, ein eigenthümliches Vermögen zugeschrieben werden soll, da muss zuvor durch die Erfahrung konstatirt sein, dass es die entsprechende Thätigkeit, wenn auch nicht grade immer und überall, so denn doch oft oder wenigstens zuweilen verrichtet hat; von der Existenz einer Thätigkeit darf man erst auf die Existenz eines mit ihr korrespondirenden Vermögens schliessen. Darum schreiben wir ja auch dem Menschen das Vermögen des Ueberlegens, d. i. den Verstand, nur auf den Grund hin zu, weil er, zwar nicht immer, aber denn doch meistens faktisch überlegt, bevor er handelt und wirkt. Da nun die Thiere, wie gezeigt, auch nicht ein einziges Mal vor ihrem Thun und Wirken nachweisbarermassen überlegen, so müssen wir den Schluss ziehen, dass sie einer Ueberlegung auch nicht fähig sind, dass sie also das Vermögen einer Ueberlegung, den Verstand, nicht besitzen.

b) Das Thier übertrifft den Menschen durch die Klugheit seines Wirkens.

10. Viele Thiere, und zwar solche von niederer Ordnung, sorgen für das Leben ihrer Jungen, welche erst nach deren Tode aus den Eiern kriechen und sich dabei auch noch in der körperlichen Organisation sowie in den Lebensbedürfnissen gar sehr von ihnen unterscheiden, auf eine Art und Weise, welche das höchste Staunen verdienen. So hängt z. B. der Schmetterling einer unserer Blattraupen zu Anfang des Sommers seine Eier nur ganz lose an die Blätter der Bäume, um bald danach zu sterben, und die Räupchen, welche daraus sich entwickeln, haben an den Blättern sofort eine passende Nahrung. Im August spinnen sich die Letzteren ein

und verwandeln sich in Schmetterlinge. Jeder derselben legt seine Eier allerdings auch wieder auf Blätter; da diese aber im Herbste abfallen würden, so umspinnt der Schmetterling dieses Mal das ganze Blatt nebst Stiel, so dass es nicht abfallen, ja selbst durch einen starken Sturm kaum abgeweht werden kann. Diese Schmetterlinge verfahren also im Herbste anders, als ihre Eltern im Frühjahr. Ein anderes Beispiel. Die Sandwespe, welche von dem Honigseim der Blumen lebt, gräbt mit ihren Vorderfüssen Löcher in sandigen Boden oder in lockere Erde und bringt eine Spinne oder eine dicke Raupe hinein, die sie aber nicht tödtet, sondern nur durch einen Biss in die Kehle oder durch einen Stachelstich lähmt und betäubt, so dass sie vor Verwesung und Fäulniss bewahrt bleibt; alsdann legt sie in jedes Loch ein Ei und stirbt, das daraus schlüpfende Junge aber findet sogleich die ihm zusagende Nahrung vor. Aehnlich verhält es sich mit dem Frostfalter, dem Maikäfer, dem Ringelspinner, dem Goldafter, der Gall-, Schlupf-, Mauer- und Rosenblattwespe, mit einer Wanzenart (Cerceris buprestioida), mit der Holzbiene und -wespe, sowie mit dem Kohlweissling, wovon schon früher[1]) die Rede war, und mit vielen andern Thieren.

11. Diese weisliche Vorsorge für ihre Nachkommenschaft bei solcherlei Thieren auf Rechnung eines Unterrichts zu schreiben, den sie von ihren Eltern auf irgend einem Wege empfangen hätten, geht absolut nicht an und fällt auch Niemanden ein, da es ja ausgemachte Thatsache ist, dass die Eltern sterben, bevor die Larven auskriechen, also schon längstens todt sind, wenn ihre eigentlichen Jungen, d. i. die vollkommen entwickelten Thiere ihrer Art, zur Welt kommen. Was nun anfangen? Eduard von Hartmann, der berüchtigte Berliner Philosoph des Unbewussten, erklärt[2]) die Vorsorge für ihre Jungen bei jenen Thieren aus einer Art von Hell- und Fernsehen, dessen auch das Thier fähig sein soll; er verlegt also für eine räthselhafte Erscheinung den Grund in ein noch viel grösseres Räthsel, in ein solches, welches sogar im Leben des Menschen noch immer

[1]) S. 29.

[2]) Philosophie des Unbewussten. Berlin. 1869. S. 73.

auf seine endgültige Lösung wartet. Niemand wird behaupten, dass Dies die Art einer exakten und echten Wissenschaft ist, und da H. zudem gar nicht daran denkt, zu beweisen oder auch nur wahrscheinlich zu machen, dass das Thier zu solch einem mystischen Zustande emporgehoben werden könne, so dürfte man wohl ohne Weiteres auf eine Widerlegung seiner Ansicht verzichten; nicht Alles, was behauptet wird, verdient desshalb auch schon eine Widerlegung. Aber woher kennen denn jene Thiere die Nahrung, deren ihre zukünftige Larven bedürftig sind? Hiebei unterstellen wir aber nur, dass sie dieselbe wirklich im Voraus erkennen. Schöpfen sie die Erkenntniss vielleicht aus eigener Erfahrung? In der That giebt es den Einen und Andern, welcher jene höchst merkwürdige Vorsorge gewisser Thiere für ihre Jungen auf eine Erinnerung derselben zurückführt, die bis an ihren Larvenzustand und an die damals genossene Nahrung hinanreichen soll.[1]) Allein wenn man bedenkt,

---

[1]) Zu den oben gemeinten Hypothesenfabrikanten hat sich in neuester Zeit ein Franzose Namens Dr. Alfred Espinas gesellt. Um das in Rede stehende Problem zu erklären, verfällt er nämlich auf die Hypothese, dass die Arten jener Thiere nicht immer so gewesen seien, wie sie heute sind. „Die Lebensweise der vollkommenen Insecten, sagt er in seinem von W. Schlosser unter dem Titel ‚Die thierischen Gesellschaften' übersetzten Werke (Braunschweig 1879. S. 320 ff.), ist allerdings nicht dieselbe wie die der Larven; haben aber die Insecten zu aller Zeit so vollkommene Metamorphosen durchlaufen wie heute? Das ist zweifelhaft. Wenn es wahr ist, dass die jetzigen Metamorphosen des Individuums mehr oder minder im Auszuge das Gesammtgeschick der Art vorstellen, so gab es einen Augenblick, da das Insect im Larvenzustande sich fortpflanzte. Es ist durchaus nicht unmöglich, dass zu ferner Zeit der Geschichte des Lebens die in Frage kommenden weiblichen Insecten dann Mütter geworden sind, als sie noch jene Raubinstincte und jene kräftigen Beisswerkzeuge hatten, welche noch jetzt manche Larven auszeichnen; dass sie zu dieser Zeit ihren künftigen Larven eine der ihrigen ähnliche Nahrung vorbereiteten, und dass sie endlich diese in ihren Organismus eingewurzelte Gewohnheit ihren jetzigen Nachkommen überliefert haben, obwohl diese eine ganz andere Lebensweise führen. Diese würden dieser Gewohnheit gefolgt sein, wie alle Wesen, welche den Gewohnheiten ihrer Vorfahren folgen, d. h. ohne den Grund dafür zu wissen. . . . . Damit wäre eine erste Schwierigkeit in Bezug auf die verschiedene Lebensweise der Mutter und ihrer Nachkommen hinweggeräumt. Von den übrigen wollen wir noch die erwägen,

dass zwischen dem Zustand des vollkommen entwickelten Thieres und seinem Larvenleben jedes Mal noch die verhältnissmässig lange Zeit der Verpuppung und der dadurch verursachten gänzlichen Umgestaltung der Larve sich ausspannt, so sträubt sich desswegen allein schon das vernünftige Denken gegen die Annahme einer solchen Erklärung unserer Thatsache, und Dies um so mehr, als es ja bekannt ist, dass bei dem Menschen schon in Folge einer einfachen pathologischen Affizirung des Gehirns das Gedächtniss oft ganz bedeutend geschwächt wird, für manche Dinge sogar total aufhört. An und für sich schon leidet also die gegebene Erklärung im höchsten Grade an Unwahrscheinlichkeit.

12. Schaut man sodann auf Dasjenige hin, was man in Konsequenz jener Erklärung noch fernerhin annehmen müsste, so tritt auch ihre volle Unwahrheit und Unrichtigkeit in deutlichstem Gepräge zu Tage. Bei logischer Weiterbildung jener Erklärung müsste man nämlich sagen, der Ringelraupenschmetterling z. B. wisse aus Erinnerung, dass aus jedem seiner Eier gerade eine Larve, und keine andere Thierform auskrieche, mittels seines Gedächtnisses mache er die Stellen an den Bäumen ausfindig, wo im Frühjahr das frische und zarte Grün hervortreibt,

---

wie das Weibchen eines Insects dazu kommt, einem Ei dieselbe Sorgfalt angedeihen zu lassen, wie einem lebenden Wesen, und vornehmlich, aus welchem Grunde es sich veranlasst fühlt, ihm besondere Nahrungsmittel vorzubereiten. Um sie zu heben, brauchte man nur anzunehmen, dass die Insecten ursprünglich ihre Jungen nicht als Eier, sondern als Larven, also durch eine Art von Viviparität oder innerer Gemmiparität, erzeugt hätten. . . . So würde, was uns heute als Vorherwissen erscheint, die unbewusste und organische Erinnerung einer in ferner Vergangenheit der Rasse gemachten Erfahrung sein." Allein kaum hat er seine Hypothese mit Müh und Noth zusammengestellt, so zerschlägt er sie auch schon wieder, indem er sogleich weiterfährt: „Wir wünschten, dass diese Erklärung möglich wäre, weil sie uns das Vergnügen gewähren würde, auf Grund wissenschaftlicher Thatsachen eine bisher für geheimnissvoll geltende Erscheinung zu begreifen. Leider berechtigt uns die (Darwin'sche) Entwicklungstheorie nur schwer zu einer solchen Hypothese." Wir haben aber seine Hypothese angeführt, um an einem Beispiele zu zeigen, in welche Sonderbarkeiten und Albernheiten man geräth, wenn man vom richtigen Wege der Naturforschung sich verirrt hat.

und lagere dann seine Eier dort ab; und für Beides ist doch wahrlich die Berufung auf eine von ihm selbst gemachte Erfahrung, der Appell an eine bei ihm auftauchende Rückerinnerung nicht mehr möglich. Jene Erklärung wird endlich zum Gegenstand des Spottes und Hohnes, wollte man ihr zufolge sagen, die Blattraupenschmetterlinge, welche nach obiger Mittheilung zum Zwecke des Eierlegens im Frühjahr ganz anders verfahren, als im Herbste, richteten sich genau nach ihrer Erfahrung und Erinnerung; denn keiner von ihnen thut Dasjenige, was er selbst an sich erlebt hat. So sind denn die Materialisten sammt all Denjenigen, welche dem Thiere eine menschenartige Vernunft zuerkannt wissen wollen, unausweichbar gezwungen, die höchst merkwürdige Vorsorge, welche gewisse Thiere von niederer Ordnung zur Zeit des Eierlegens treffen, auf eine bewusste, umfassende und reifliche Ueberlegung der Umstände zurückzuführen, welche für ihre zukünftige Jungen nur immer in Betracht kommen können.

13. Solch einer sicher gehenden Ueberlegung, solch eines untrüglichen Ausblicks in die ferne Zukunft ist aber der Mensch nicht fähig; wäre er auch mit dem durchdringendsten und weittragendsten Verstande begabt, die Zukunft mit all ihren launigen Wechselfällen bliebe ihm trotzdem ein verschleiertes Bild, ein tiefes Geheimniss. Eines giebt es zwar in der langen und buntscheckigen Reihe menschlicher Vernunftthätigkeiten, und Dies ist auch zugleich das Einzige, was mit der merkwürdigen Vorsorge jener Thiere allenfalls in Vergleich gebracht werden kann; es sind die mathematischen oder astronomischen Berechnungen, wodurch der Auf- und Niedergang der Sonne, die manchfachen Phasen des Mondes, der verschiedene Standort der Gestirne und so viele andere Dinge genau auf den Tag und die Stunde vorausbestimmt werden. Allein wie gering ist die Zahl der Auserwählten, welche sich zu der Höhe solch wissenschaftlicher Leistungen zu erschwingen vermögen, während jene unvollkommenen Thiere vom ersten bis zum letzten zu den sinnreichen und staunenswerthen Vorkehrungen ihrer mütterlichen Liebe befähigt sind. Und daher darf man, ohne ein Dementi fürchten zu müssen, im Hinblicke auf diesen Umstand allein schon sagen, dass die Menschen, in ihrer Gesammtheit

genommen, trotz der ausserordentlichen Anlagen und Leistungen Einzelner von jenen unvollkommenen Thieren in tiefen Schatten gestellt werden. Um so mehr wird aber die Berechtigung zu dieser Behauptung einleuchten, wenn man die astronomischen Berechnungen an sich betrachtet und sie der merkwürdigen Sorge jener Thiere um ihre zukünftige Jungen gegenüberhält. Astronomische Berechnungen sind erst möglich auf Grundlage eines vorausgegangenen Unterrichts, eines langen und mühevollen Studiums, wodurch der Verstand des Menschen nicht bloss gewetzt und gewitzigt, sondern auch mit einem Schatz positiver Kenntnisse ausgerüstet wird; zu solchen bedarf es sodann jedesmal positiver Data und Anhaltspunkte, welche die Beobachtung sorgfältig sammelt und feststellt; und endlich geräth man dabei oftmal in grossen Irrthum, so dass behufs der Korrektur der ganze Weg des Experimentirens wie Kalkulirens noch einmal durchschritten werden muss. Wie ganz anders steht es um die Vorsorge jener Thiere für ihre zukünftige Jungen! Ohne Belehrung und Unterricht, ohne Erfahrung und Beobachtung treten sie sofort in die Aktion ein, wenn die Zeit des Eierlegens da ist, sie alle ergreifen die nämlichen Mittel und gehen dieselben Wege, und sämmtlich erreichen sie ihr Ziel, ohne dass jemals eine Korrektur ihrer vorausgetroffenen Massregeln nothwendig würde. Angesichts dieser unläugbaren Thatsache muss man wahrlich eingestehen, dass der weiseste Mensch mit aller seiner Vernunftanlage hinter jenen Thieren von ganz niederer Ordnung weit zurückbleibt. Ist aber Dies der Fall, so darf man auch die verallgemeinernde Behauptung aufstellen, dass das Thier den Menschen an Vorsicht und Klugheit in seinem Wirken übertrifft.

14. Eine andere auf die nämliche Konsequenz hinführende Thatsache spielt im Leben des Kukuks. Die Weibchen des europäischen Kukuks nämlich übergeben, wie bereits früher mitgetheilt, ihre Eier stets andern Vögeln zum Ausbrüten, und zwar fast ausnahmslos solchen, welche ihre Jungen mit Insekten füttern. Kommt einmal im Neste eines andern Vogels, etwa eines Dompfaffs oder Grünfinken, welche ihren Jungen nur Körnernahrung reichen, oder eines Sperlings, der gemischtes

Futter für seine Jungen bringt, ein Kukuksei vor, so basirt dieser Umstand entweder auf einem Irrthum oder besser noch auf einer augenblicklichen Verlegenheit des Weibchens, wovon das betreffende Ei herstammt. Jedes Kukuksweibchen legt 5—6 Eier, jedes davon aber in ein besonderes bereits belegtes Nest und zwar immer zu solchen Eiern, welche noch ganz frisch sind und denen das seinige jedes Mal nicht bloss an Grösse und Gestalt, sondern auch an Färbung und Zeichnung zum Verwechseln ähnlich sieht; so z. B. olivenbraune zu Nachtigallen-, grünliche mit dunkeln Flecken zu Dorngrasmücken-, weisse mit rothen Punkten zu Zaunkönigs-, rosarothe zu Gartenlaubsängers-, hellblaue zu Steinschmätzers-Eiern u. s. w. Möglich wäre es allerdings, und Bach hält es für das Wahrscheinlichste, „dass jedes Kukuksweibchen nur in die Nester einer ganz bestimmten Vogelart seine Eier, also alle von gleicher Farbe und Zeichnung legt, vielleicht in die Nester derjenigen Art, von der es selbst ausgebrütet und erzogen wurde“.[1] Möglich wäre es aber auch, Perty behauptet es sogar strikte und kategorisch[2]), dass die Eier eines jeden Kukuksweibchens verschiedene Färbung und Zeichnung tragen, genau entsprechend den Eiern der verschiedenen Nester, worein sie gelegt werden. Bis jetzt fehlt es leider noch an hinreichendem Material, um die Frage nach dem wirklichen Sachverhalt definitiv zum Austrag zu bringen. Indess wie auch immer die Antwort darauf lauten mag, in jedem Falle bleibt zur Erklärung jener Thatsache all Denjenigen, welche dem Thiere einen Verstand und damit zugleich Einsicht und Ueberlegung zutrauen, gar nichts Anders übrig, als zu behaupten, die Kukuksweibchen legten desshalb ihre Eier zu denen der Nachtigall, oder des Steinschmätzers, oder des Goldhähnchens, oder des Rothkehlchens, oder des Spottvogels u. s. w., weil sie bei jedem derselben, auch beim ersten, schon zum Voraus genau wüssten, was für eine Farbe und Zeichnung es trägt. Gemäss ihrer Hypothese von der Vernünftigkeit des Thieres bedürfen allerdings die Vögel, welche ihre Eier selbst bebrüten, keiner

[1]) A. a. O. Bd. 1, S. 9.

[2]) A. a. O. S. 418.

vorherigen Kenntniss von deren Farbe und Zeichnung, weil sie dieselben in ihr eigenes Nest legen; den Kukuksweibchen aber müsste eine derartige Kenntniss klar und deutlich innewohnen, mögen sie nun Eier von der nämlichen oder von verschiedener Farbe und Zeichnung legen, denn sie haben für je eines ihrer Eier erst noch ein bestimmtes Nest auszuwählen und können dabei doch nur von der Farbe und Zeichnung desjenigen Eies geleitet werden, welches sie gerade zu legen im Begriffe stehen.

15. Doch um unsere Gegner zu nöthigen, zu dieser Erklärung des merkwürdigen Kukuksphänomens ihre letzte Zuflucht zu nehmen und bei ihr unentwegsam stehen zu bleiben, müssen ihnen alle sonstigen Auswege und Ausflüchte dauernd versperrt werden. Also frisch an die Arbeit. Perty sagt: „Wenn die Bienenkönigin weiss, ob sie ein männliches, oder weibliches, oder Arbeiterei legen wird, so kann auch der Kukuk wissen, in welches Vogels Nest das Ei, welches er zu legen im Begriffe ist, am besten passen, also die Täuschung der Pflegeältern möglich machen wird, und es ist dabei sogar denkbar, dass seine Phantasie auf die Färbung des Eies einwirken kann, nachdem er zuvor das Nest rekognoscirt und die Eier der Pflegeältern gesehen hat."[1]) Und mit Perty stimmt eine ganze Reihe von Naturforschern überein. Zunächst wenden wir uns gegen die hier aufgestellte Hypothese, dass die Phantasie des Kukuks, nachdem er die Eier der Pflegeeltern eines seiner zukünftigen Jungen gesehen, auf die Färbung und Zeichnung des von ihm zu legenden Eies einwirken könne, dass also mit andern Worten bei dem trächtigen Kukuk ein sogenanntes Versehen möglich sei. Im Leben der Menschen gehört ein derartiges Versehen zu den grössten Seltenheiten und kommt auch nur in Folge des Schreckens oder Entsetzens über einen angeschauten Gegenstand vor; bei den Kukuken aber wäre es, falls die Hypothese auf Wahrheit beruhte, eine ganz normale, weil im Leben eines jeden einzelnen Kukuks stets wiederkehrende Erscheinung. Macht uns der Gedanke an diese Abweichung des Kukuks vom Menschen schon sehr stutzig gegenüber der aufgestellten Hypothese, so

[1]) A. a. O. S. 419.

kehren wir ihr vollends den Rücken, nachdem wir den ferneren Umstand in Erwägung gezogen haben, dass auch mit den Eiern in jenen Nestern, welche in hohlen Bäumen versteckt sind, wie das des Gartenrothschwanzes, oder eine backofenförmige Gestalt mit engem Eingang haben, wie das des Weidenlaubvogels, so dass der Kukuk weder hineinschlüpfen noch hineinschauen kann, die Farbe und Zeichnung des Kukukseies jedes Mal schön übereinstimmt, und Das kann von einem sogenannten Versehen doch wahrlich nicht herrühren. Die jedesmalige verschiedene Färbung und Zeichnung der Kukukseier vollzieht sich also im Eierstock der einzelnen Kukuke, ohne dass sie dabei von Aussen, etwa durch den Anblick der bereits im Neste befindlichen Eier des fremden Vogels, beeinflusst werden.

16. Nachdem Dies festgestellt, wollen wir den Modus kennen lernen, wie etwa nach der Ansicht Perty's und seiner Meinungsgenossen jeder einzelne Kukuk für seine Eier die passendsten Nester ausfindig mache, was für ein Umstand ihn dabei als Norm und Richtschnur leite. Perty spricht sich hierüber leider nicht deutlich genug aus, und so sind wir denn genöthigt, seine Meinung muthmasslich festzustellen; dadurch eruïren wir übrigens alle hier möglichen Meinungen. Als leitende Norm nun, für seine Eier die passendsten Nester herauszufinden, kann bei dem Kukuk nur eines von zweien Dingen fungiren, entweder die Vorstellung von dem Neste, worin er aufgezogen worden, oder die Vorstellung von dem Vogelpaare, das Elternstelle an ihm vertreten hat; im ersteren Falle sucht er für seine Eier nach solchen Nestern, welche in Bezug auf Standort, Material und Bauart u. s. w. dem seiner Pflegeeltern gleichen, im zweiten beobachtet er innerhalb seines Bezirks diejenigen Vögel, von welchen ein Paar ihn ausgebrütet und aufgezogen, um aus ihrem Hin- und Herfliegen den Stand ihrer Nester zu ermitteln. Die Vorstellung von Farbe und Zeichnung der Eier, woraus er mit seinen Nestgenossen ausgekrochen, kann hier nicht als Drittes aufgeführt werden, weil der Kukuk die Eierschalen nie gesehen, dieselben vielmehr schon sogleich aus dem Neste von seinen Pflegeeltern fortgetragen wurden, als er mit noch geschlossenen Augenlidern sein Ei verliess. Eines von jenen beiden Dingen

muss also nach Perty's Ansicht dem Kukuk als sicherer Wegweiser dienen, um für seine Eier die passenden Nester aufzufinden. Allein die Vorstellung von dem Neste, worin der Kukuk sein erstes Dasein verlebte, kann wohl füglich die Norm nicht sein, wonach er die Auswahl der Nester für seine Eier trifft; ein Mal schon desshalb nicht, weil er, wie vorher bemerkt, seine Eier auch in solche Nester bringt, welche in hohlen Bäumen versteckt, ihm also unsichtbar sind, und das andere Mal desshalb nicht, weil in dem Falle, dass er seine Eier verschiedenen Vogelarten zum Ausbrüten übergiebt, was ja ebenfalls möglich und nach Perty sogar wirklich ist, die ausgewählten Nester bis auf eines mit jener Norm nicht übereinstimmen. Ausserdem begriffe man auch gar nicht, warum der Kukuk nur solchen Nestern seine Eier anvertraut, welche bereits von deren Erbauern mit Eiern belegt sind, da eine Täuschung der Letzteren ja immer stattfindet, mag der Kukuk zu ihren Eiern, mögen sie zu den seinigen legen. Ist es denn nun vielleicht die Erinnerung an seine Pflegeeltern, die Vorstellung derselben, woher der Kukuk bei Auswahl der Nester seine Direktive nimmt? Bach meint wirklich so, denn er schreibt: „Jedes Kukuksweibchen legt seine Eier, alle von gleicher Farbe und Zeichnung, vielleicht in das Nest derjenigen Art, von der es selbst ausgebrütet und erzogen wurde. Dies erscheint gewiss um so natürlicher, als anzunehmen ist, dass der Eindruck, welchen die Pflegeeltern durch den so häufigen Anblick beim Füttern auf ihren Pflegesohn machen, ein so bleibender werden muss, dass derselbe für den Kukuk im nächsten Frühjahr ein Bestimmungsgrund sein kann, derselben Vogelart, welcher er sein eigenes Leben zu verdanken hat, auch wieder das Leben seiner Nachkommenschaft anzuvertrauen."[1]) Und in der That, wenn es wahr ist, dass die Eier eines jeden Kukuks die nämliche Färbung und Zeichnung tragen, so wäre man sehr stark versucht, der Meinung Bach's beizupflichten, wüsste man nur bei dieser Annahme irgend einen plausiblen Grund dafür aufzubringen, dass die Eier des Kukuks mit denjenigen, welche er vorfindet, in Färbung und Zeichnung jedes

[1]) A. a. O. Bd. 1, S. 9 f.

Mal genau übereinstimmen. Wie nun aber erst, wenn jeder Kukuk Eier von verschiedener Färbung und Zeichnung legt, und das hält Perty für ausgemacht! Was wird dann dem Kukuk als Wegweiser dienen, um die Insektenfresser unter den Vögeln seiner Umgebung mit Sicherheit herauszufinden? Dazu fehlt ihm aller und jeder Anhaltspunkt. Ausserdem wäre es nicht etwa ein Räthsel, sondern eine unendlich grosse Unwahrscheinlichkeit, oder sagen wir lieber, eine moralische Unmöglichkeit, dass das Ei, welches der Kukuk jedes Mal legt, mit den im Neste bereits befindlichen Eiern nicht bloss in Bezug auf Grösse und Gestalt, sondern auch in Bezug auf Farbe und Zeichnung in trefflicher Weise harmonirt. Bildet nun aber weder die Vorstellung des alten Nestes, worin der Kukuk seine Kindheit verlebt hat, noch auch die Vorstellung seiner Pflegeeltern die Richtschnur und Norm, welche ihn bei der Auswahl der Nester für seine Nachkommenschaft leitet, so ist es klar, dass ihm dabei einzig nur das Ei jedes Mal als Führerin dient, welches er gerade zu legen im Begriffe steht. Nach Massgabe der Eier, welche er annoch im dunkeln Verschluss des Mutterschosses mit sich herumträgt, und mit Rücksichtnahme auf ihre vorausgekannte Färbung und Zeichnung sucht er die Nester auf, worein er sie als theure Last niederlegen will; dasjenige Nest, dessen Eier jedes Mal dem seinigen an Farbe und Zeichnung gleichen, wird dann auserkoren. So muss sich wenigstens Derjenige resolviren, welcher dem Thiere das Vermögen der Vernunft zuspricht; für ihn giebt es keinen andern Ausweg mehr.

17. Indem er aber in dem vorgedachten Sinne seine definitive Entscheidung trifft, übernimmt er selbstverständlich auch die Verpflichtung, die Quelle anzugeben, woher der Kukuk die Kenntniss von Farbe und Zeichnung seiner noch nicht ans Tageslicht geförderten Eier bezieht. Vielleicht ist er versucht, zu sagen, dass die fragliche Kenntniss dem Kukuk durch einen seiner Sinne übermittelt werde, entweder nämlich durch den Gesichts- oder durch den Tastsinn; denn offenbar sind das die einzigen Sinne, welche hier in Betracht kommen können, weil ja durch sie allein Farbe und Zeichnung einer Sache wahrgenommen werden kann. Allein weder der Gesichtssinn, noch

auch der Tastsinn reichen an die Eier, solange sie im dunkeln Mutterschosse des Kukuks verborgen sind; ausserdem tragen dieselben dort eigentlich noch gar keine Farben, wie ja überhaupt jeder Gegenstand in der Finsterniss farblos ist. Und darum kann es der Weg der sinnlichen Wahrnehmung ganz gewiss nicht sein, auf welchem der Kukuk die Färbung und Zeichnung seiner Eier schon erkennt, bevor sie an das Tageslicht gekommen sind. Ist aber Dies der Fall, so bleibt nichts Anders übrig, als in der ihm zugeschriebenen Vernunft die Quelle zu suchen, aus welcher jenes merkwürdige Vorauswissen des Kukuks herstammt; sein angeblicher Verstand muss es sein, mittels dessen er nach gewissen Anhaltspunkten die Farbe und Zeichnung der bald zu legenden Eier zum Voraus bestimmt und erkennt, oder es ist am Ende gar noch, wie Ed. v. Hartmann ohne Weiters kühn annimmt,[1]) ein unbewusstes Hellsehen seiner Vernunft, „welches den Prozess im Eierstock nach Farbe und Zeichnung regelt".

18. Solch einer weitreichenden Kenntniss, solch einer untrüglichen Vorausbestimmung ist der Mensch nun aber nicht gewachsen. Eine Mutter wird z. B. niemals, besässe sie einen noch so grossen Scharf- und Tiefsinn des Geistes, auch nur von ferne ahnen, geschweige denn jemals mit zuversichtlicher Gewissheit erkennen können, von welcher Farbe die Haare des Kindes sein werden, das sie noch unter dem Herzen trägt; sie wird nicht anzugeben vermögen, ob es durch ein sogenanntes Muttermal gekennzeichnet sei, ob es mehr ihr oder dem Vater ähnele, ja sie kennt nicht einmal diejenigen Umstände und Gesichtspunkte, welche bei einer solchen Vorausbestimmung in Betracht zu ziehen wären. Das sollte man wahrlich nicht erwarten, selbst nicht einmal von dem Standpunkte Derjenigen aus gerechnet, welche den Thieren eine Vernunft zuerkennen, weil auch sie ja den Menschen noch weit über die höchste Stufe des Thierreichs erhoben wissen wollen. Denn obgleich es mit dem hohen Vorrang des Menschen, der ihm den Thieren gegenüber allerseits eingeräumt wird, ganz wohl verträglich ist, dass er in mancherlei

[1]) A. a. O. S. 73.

Dingen, z. B. in Bezug auf Muskelstärke, Energie der Sinne, Gedächtnisskraft u. s. w., bald von diesem, bald von jenem Thiere übertroffen wird, so dürfte es doch absolut nicht vorkommen, dass er auch einmal in Ansehung seiner Vernunftleistungen hinter einer Thierart zurückbleibe, soll anders sein angeblicher Vorrang über die gesammte Thierwelt nicht dadurch sofort zu einem leeren Wort, zu einem wesenlosen Schein herabsinken. Da nun dennoch ein Beispiel der Art vorkommt, und zwar im Leben des Kukuks, der da das Nest für sein demnächst erst zu legendes Ei jedes Mal genau so auswählt, dass es von den bereits darin befindlichen Eiern des fremden Vogels in Bezug auf Farbe und Zeichnung sich gar nicht unterscheidet, so sind wir wiederum genöthigt, einzugestehen, dass das Thier durch die Klugheit seiner Thätigkeit den Menschen trotz all seiner Vernünftigkeit weit überflügelt. Um sich das demüthigende Geständniss zu ersparen, kann Niemand auf die in wissenschaftlichen Zirkeln wohlbekannte Thatsache hinweisen, dass ja der französische Astronom Le Verrier im J. 1846 die Existenz des bis dahin noch nicht entdeckten Planeten Neptun behauptete und sogar dessen Masse, Umlaufszeit, Excentrizität, Standort u. s. w. auf das Genaueste bestimmte, noch ehe man mit dem Teleskope seiner ansichtig wurde; denn Alles, was Le Verrier über den Neptun, ohne ihn zu sehen, bestimmte, existirte bereits als solches und fiel in den Kreis der sinnlichen Wahrnehmung und Beobachtung, es manifestirte sich ganz genau in den Modifikationen der Uranusbahn, so dass Le Verrier es danach berechnen konnte, das eigenthümliche Licht des Neptun aber konnte er nicht zum Voraus angeben, und hätte er gerade Dies thun müssen, wenn seine astronomischen Berechnungen mit jener merkwürdigen Kukuksthätigkeit den Vergleich aushalten sollten.

19. Endlich rechnen wir hieher die Thatsache, dass eine grosse Reihe von Thieren, meistens sind es solche von höherer Ordnung, sofort auf den ersten Blick ihren Feind, zumal ihren Todfeind erkennen, wenigstens scheint es so, denn sie meiden und fliehen ihn, sobald sie seiner auch nur von ferne ansichtig werden. Hören wir nur einige Beispiele. Das Schaf flieht vor dem Wolfe, wenn es ihn aus weiter Ferne heran-

schleichen sieht; sobald die Gluckhenne den Hühnergeier hoch in den Lüften erblickt, so dass er unserm Auge nur als ein winzig kleiner Punkt erscheint, lockt sie mit einem eigenthümlichen Alarmruf die Küchlein sofort unter ihre schützenden Flügel; Ochsen und Pferde, welche aus Gegenden stammen, wo es keine Löwen giebt, werden unruhig und ängstlich, sobald sie einen solchen erblicken oder auch nur wittern; Tauben ergreifen schleunigst die Flucht, wenn ein Raubvogel sich naht; viele Affen gerathen beim Anblick einer Riesenschlange in die höchste Angst und suchen das Weite, falls der Schrecken nicht ihre Glieder lähmt; summt eine Dassel- oder Biesfliege, welche andern Bremsen sehr ähnlich ist, gegen eine Heerde Rinder heran, so werden sie ganz wild und rennen toll durcheinander, gleichsam als ob sie wüssten, dass die Fliege an die Haare ihrer Haut Eier legen wolle und dass deren Larven sich dann später in die Haut einbohren und ihnen schmerzhafte Eiterungen verursachen würden. Sehr merkwürdig ist auch der Fall, dass ein Insekt mit Namen Bombex ein anderes, Parnope genannt, angreift und tödtet, wo es auch dasselbe antrifft, ohne jedoch von seiner Leiche irgend einen Gebrauch zu machen; letzteres stellt nämlich den Eiern des ersteren nach, ist also der natürliche Feind seiner Art. Und so haben wir denn wiederum eine höchst merkwürdige Thatsache im Rahmen des Thierlebens festgestellt, welche ob der daraus hervorstrahlenden Vorsicht und Klugheit nicht bloss über das Niveau des gewöhnlichen Thuns und Treibens der Thiere, sondern sogar noch über die Höhen der bedeutendsten Vernunftleistungen der Menschen hinausragt. Dass auch Letzteres der Fall sei, dafür haben wir freilich noch den Beweis zu liefern; wir liefern ihn, indem wir das Mittel erforschen und bestimmen, wodurch alle oben genannte und noch viele andere Thiere beim ersten Anblick ihres Feindes mit unfehlbarer Gewissheit ihn sofort schon als solchen erkennen könnten und müssten. Hier unterstellen wir aber nur, dass wirklich eine derartige Erkenntniss bei dem Thiere stattfindet; ob wir es mit Recht, oder Unrecht thun, wird sich später zeigen.

20. Was nun das Medium betrifft, wodurch ein Thier in einem andern seinen natürlichen Feind sofort herausfindet, so

dienen ihm als solches zunächst einmal nicht die äussern Sinne. Mittels derselben vermag es ja nur die Aussenseite des Feindes, seine Figur und Farbe, seine Gliederung und Bewegung u. s. w. wahrzunehmen, keineswegs aber dessen Neigung und Begierde, dessen Hass und Mordlust, Nichts von all Dem, was denselben gerade zu seinem natürlichen Feinde stempelt, ihm die besondere feindselige Natur und Stimmung verleiht; und diese Letztere ist es doch ganz gewiss, was ihm die qualvolle Angst, den panischen Schrecken jedes Mal einflösst, keineswegs aber die sinnfällige Erscheinung seines Feindes, obgleich es am Ende möglich, wenn auch nicht gerade wahrscheinlich ist, dass die äussere Erscheinung desselben mit all ihren Einzelheiten es anwidert und anekelt. Sodann ist jenes Medium nicht in der selbsteigenen Erfahrung des Thieres zu suchen, so dass man annehmen müsste, es erinnere sich beim Anblicke seines Feindes der schon einmal überstandenen Gefahr und ergreife desshalb eiligst die Flucht oder ein anderes Rettungsmittel; denn bei der Annahme könnte man es nicht mehr erklären, wesshalb diejenigen Thiere, welche zum ersten Male in Gefahr gerathen, sich gerade so vorsichtig und klug benehmen, als die in der Gefahr bereits erprobten Artsgenossen. Aus dem nämlichen Grunde sind wir berechtigt, zu behaupten, dass jene privilegirten Thiere die Erkenntniss ihres natürlichen Feindes nicht einer Belehrung, einem Unterrichte von Seiten ihres Gleichen zu verdanken haben, von Seiten solcher Thiere nämlich, welche die Anzeichen der Gefahr durch eigene Anschauung kennen gelernt haben und darum im Stande wären, ihre noch unerfahrenen Artsgenossen rechtzeitig zu warnen; es wäre ja sonst nicht möglich, dass eines jener Thiere, welches im Augenblicke der hereinbrechenden Gefahr keinen warnenden Rathgeber zur Seite hat, dieselben Vorsichtsmassregeln ergriffe, wie ein anderes von Erfahrung, und doch ist Dies der Fall. Hiegegen könnte freilich Jemand die Annahme einer Belehrung, welche ein Thier zur sofortigen Erkenntniss seines Feindes empfangen hat, noch weiterhin aufrecht halten, indem er behauptete, die dessfallsige Belehrung sei dem Thiere ohne Zweifel schon gleich im ersten Stadium seines Lebens von seinen Eltern ertheilt worden, oder doch jedenfalls vor der definitiven Trennung von denselben. Einen Solchen würden wir aber, um ihn der Freude seines Einfalls nicht zu berauben, unbehelligt stehen lassen und getrost des Weges weiter ziehen. Ist es nun weder einer seiner Sinne, noch die eigene Erfahrung, noch auch die Belehrung von Seiten Anderer, wodurch gewisse Thiere in den Besitz ihrer untrüglichen Kenntniss des natürlichen Feindes gelangen, so bleibt ihnen als alleiniges Mittel, sich dieselbe zu verschaffen, nur mehr die ihm zugeschriebene Vernunft übrig. Ja das Vermögen der Vernunft muss es sein, wodurch sie aus der äussern Erscheinung eines Thieres selbst in grosser Entfernung dessen feindselige Gesinnung und Absicht mit Gewissheit erkennen, die Farbe und Figur, die Haltung und Bewegung des Thieres müssen ihnen wohl als Prämissen dienen, woraus ihr Verstand auf dessen Feindesnatur ohne Verzug einen sichern Schluss macht.

21. Besitzt nun auch der Mensch eine Vernunft, welche bis in das Herz eines Andern einzudringen und dort seine Gesinnung und Stimmung zu lesen vermag, einen Verstand, welcher scharf genug ist, um aus der sinnfälligen Erscheinung eines Andern dessen geheimste Gedanken herauszumerken? Man sollte es fürwahr erwarten, ja mit Nothwendigkeit postuliren, weil ja zugegeben wird, dass die menschliche Vernunft den angeblichen Verstand des Thieres immerhin noch um ein Bedeutendes in ihrer Leistungsfähigkeit überrage; und um so mehr sollte man es erwarten, als das verlockendste Ziel aller menschlichen Vernunfterkenntniss darin gerade besteht, das Wesen und die Natur sammt den in ihnen wurzelnden Anlagen und Eigenthümlichkeiten jedweden Dinges klar und voll zu erfassen, den weissen Kern jedes Mal aus seiner umhüllenden Schale herauszubrechen, wesswegen der Mensch bei seinen verschiedenartigen Forschungen ja auch nicht eher die arbeitsamen Hände sinken lässt, als bis er an das ersehnte Ziel glücklich gelangt, oder aber erkennt, dass es für ihn unerreichbar ist. Wie sehr wird indess auch in diesem Falle die Erwartung getäuscht! Freilich kommt es zuweilen vor, dass Jemand die Gedanken und Pläne eines Andern, wie man zu sagen pflegt, aus dessen Augen herausliest, dass es Jemanden, er weiss nicht warum, in

der Nähe eines Andern plötzlich unheimlich wird und Furcht ihn befällt, so dass er aufbricht und davon eilt. Allein in solchen Lagen des Lebens ist es erstens mehr ein dunkles Ahnen und zufälliges Errathen, als ein klares und sicheres Erkennen, wozu sich die menschliche Vernunft erschwingt; und zweitens ist dazu nicht einmal der Begabteste schon sogleich beim Erwachen seiner Vernunft im Stande, sondern erst nach langjähriger Uebung derselben und nach oftmaliger Beobachtung gleichartiger Fälle. Daher täuschen sich denn auch die meisten Menschen, wenn sie Gedanken, Intentionen und Pläne Anderer zu errathen vermeinen, indem sie von dem Aeussern auf das Innere derselben schliessen. Und wie oft mag schon Jemand mit einem Menschen ganz harmlos des Weges daher gezogen sein, ohne im Mindesten zu ahnen, geschweige denn mit Gewissheit aus seinem Aeussern zu erkennen, dass derselbe auf seinen Tod sinne und schon im nächsten Augenblicke seinen Mordanschlag ausführen werde! Statt also sämmtliche Thiere in ihrer Klugheit und Vorsicht, welche sie durch die Erkenntniss des natürlichen Feindes an den Tag legen, zu übertreffen, kommt der Mensch ihnen nicht einmal gleich, er steht tief unter ihnen, sogar unter dem Schafe.

22. Drei Thatsachen haben wir nunmehr festgestellt, welche gleichsam als eherne Pfeiler den Beweis tragen, dass das Thier durch die Vorsicht und Klugheit seines Wirkens den Menschen bei Weitem überflügelt. Was folgt daraus? Daraus ergiebt sich mit logischer Konsequenz die einfache, aber auch unerbittliche Alternative: Entweder besitzen die Thiere das Vermögen eines Verstandes, einer Vernunft, und dann steht es auf einer viel höhern Stufe der Vollkommenheit, als das entsprechende bei dem Menschen, oder sie entbehren ein derartiges Vermögen ganz und gar, und für den Fall muss dann natürlich ein anderer Erklärungsgrund jenen Thatsachen untergeschoben werden. Allein den Thieren, auch den vollkommensten unter ihnen, eine Vernunft zu vindiziren, welche an Fernsicht und Tiefgang, an Scharfblick und Einsicht über die Vernunft des Menschen weit hinausragt, das ist auch dem radikalsten und fortgeschrittensten Materialisten zu viel, scheu schreckt auch er davor zurück. All Jene, welche das Thier einer Vernunft theilhaftig sein lassen, legen

ohne Ausnahme ihm die Beschränkung auf, dass es sich bei seiner oftmals auch noch so grossen Klugheit und Vorsicht immerhin tief vor dem Menschen beugen und die Superiorität seiner Vernunft anerkennen müsse. Und hierin thun sie sehr wohl; denn es wäre mehr, als ein tollkühnes Unterfangen, wollte man, um die einmal gemachte Hypothese zu retten, weiterhin auch noch die Behauptung wagen, dass die Vernunft des Thieres die des Menschen in Schatten stelle. Die gesammte Erfahrung würde dagegen einen lauten Protest erheben und eine solche Behauptung als eine willkürliche und unwissenschaftliche, ja als eine leichtfertige und frevelhafte mit Entrüstung brandmarken. Ist aber Dies der Stand der Sache, so bleibt für den vernünftigen und vorurtheilsfreien Denker nur mehr das zweite Glied der zuvor aufgestellten Alternative übrig: Das Thier kat keine Vernunft, keinen Verstand.

c) Das Thier bedarf keines Unterrichtes.

23. Alle Menschen sind mit der Anlage für Künste und Wissenschaften ausgerüstet, so jedoch, dass bei jedem derselben sich nach der einen oder nach der andern Richtung hin eine besondere Präponderanz zeigt, und in dem Sinne sagt man z. B.: „Der Dichter wird geboren". Fertige Begriffe und Ideen aber, entwickelte Kenntnisse und Geschicklichkeiten, welche je nach den augenblicklichen Bedürfnissen des Lebens wie von selbst aus dem Schacht der Seele sich heraufarbeiteten und ans Tageslicht träten, wie einst Plato lehrte, bringt Niemand mit in die Welt. Die Vernunft des Menschen, dieser geistige Träger und Hort seiner Anlagen für die verschiedenen Zweige der Kunst und Wissenschaft, gleicht vielmehr, wie man nach dem Vorgang des Aristoteles zu sagen pflegt, einer Schreibtafel, welche wohl mit allem Möglichen beschrieben werden kann, auf welcher aber von Natur aus absolut Nichts geschrieben steht. Soll nun in die Schreibtafel der Vernunft eine Erkenntniss nach der andern eingetragen werden, soll der wunderbare Reichthum von Anlagen, welche im Menschen von Geburt an schlummern, zu üppiger Blüthe sich entfalten, so ist nach Lehre der tagtäglichen Erfahrung unumgänglich nothwendig, dass er mit Andern seines

Gleichen verkehre, dass er mit ihnen rede und von ihnen lerne, dass er über Jedwedes einen eigentlichen und speziellen Unterricht empfange. Im andern Falle bleiben auch die schönsten Anlagen eines Menschen eine rudis indigestaque moles; mancher Cäsar muss, um ein Sprüchwort zu gebrauchen, zeitlebens die Trommel schlagen, weil es ihm an der nöthigen Ausbildung seiner grossen Vernunftanlage gebricht. Will man vollwerthige Beweise für das Gesagte, so denke man nur z. B. an die Thatsache, dass Kinder, welchen das traurige Loos zu Theil geworden, fern von Eltern und Geschwistern, fern von allem andern menschlichen Umgang, etwa in einer öden Wildniss oder in einem abgeschiedenen Kerkerverliess aufzuwachsen, keine menschliche Sprache, weder die der Eltern, noch eine andere erlernen, überhaupt keine Spur von geistigen Kenntnissen zeigen, ja selbst körperlich verkümmern und verwildern. Ein Beispiel der Art erzählt uns die Geschichte der Gesellschaft Jesu. „Akebar, Kaiser von Mogol, wollte wissen, welches die natürliche Religion sei, und liess zu diesem Zwecke 30 Kinder in vollständiger Absonderung von andern Menschen aufziehen und insbesondere dafür Sorge tragen, dass sie nie irgend ein Wort aussprechen hörten. Nach Verlauf einiger Jahre liess er diese 30 Zöglinge vor sich rufen und fand in ihnen 30 Stumme, die in ihrer Verwilderung dem Thiere glichen.“[1]) Die nämliche Beobachtung hat man auch in Amerika, ja selbst in Europa gemacht an Kindern, welche, von den Eltern verstossen, entweder in einsamer Zelle (Kaspar Hauser), oder in einem Urwalde kümmerlich ihr Dasein fristen mussten. Ist nun aber der Mensch, die Krone des Thierreiches nach den Materialisten, zur Entwickelung seiner Vernunftanlagen auf Unterricht und Ausbildung von Seiten anderer Menschen angewiesen, um wie viel mehr müsste dann das Analoge von den Thieren gelten, falls sie ein der menschlichen Vernunft entsprechendes Vermögen besässen! Indessen die Erfahrung bezeugt unerbittlich das gerade Gegentheil von Dem, was man bei dem Thiere erwarten sollte.

---

[1]) J. Balmes: Lehrbuch der Metaphysik. Regensburg. 1852. S. 146.

24. Der junge Kukuk, welcher zur Zeit seines Nestlebens nur den Gesang der Bachstelze oder Grasmücke oder eines andern Vogels, der ihn gerade aufzog, um sich her vernahm, niemals aber den Ruf eines Kukuksmännchens oder das lachende Geschrei eines Kukuksweibchens hörte, oder, wenn Dies der Fall war, jenen Ruf resp. jenes Geschrei jedenfalls nicht für die Stimme eines Stammesgenossen halten konnte, erkennt zur Paarungszeit nicht bloss den Gesang seiner Zunftmitglieder, er singt auch selbst ganz genau nach Weise eines Männchens oder Weibchens seiner Art. Und ebenso kann man es bei jedem jungen Vogel beobachten, welcher, sei es aus diesem oder jenem Grunde, an seiner Wiege niemals Gelegenheit hatte, den Ruf, den Gesang, die Stimme eines Vogels seiner Art zu hören. Ein gewisser Schleiden behauptet zwar, dass streng genommen kein Vogel singe, wie ihm der Schnabel gewachsen sei, sondern wie er es gelernt habe, und dass der junge Vogel nur desshalb den Gesang der Alten annehme, weil er sie am öftesten höre; aber darum ist noch nicht bewiesen, was er behauptet, und vielleicht gilt auch von ihm das Wort des Aristoteles: „Was Einer behauptet, das braucht er darum noch nicht zu glauben.“ Alle Vögel sodann, welche aus dem Neste ausgehoben werden, bevor ihre Augen sich geöffnet hatten, bauen im folgenden Jahre nichtsdestoweniger ihr Nest aus den nämlichen Stoffen, an ähnlichen Stellen und auf dieselbe Weise, wie ihre Eltern und die übrigen Vögel ihrer Art. Jung eingefangene Eichhörnchen und Füchschen, welche man entweder für sich allein, oder mit Thieren ganz anderer Spezies aufzieht, erlangen trotzdem denselben Grad von List und Geschicklichkeit, wie wenn sie im Verkehr mit ihres Gleichen aufgewachsen wären; und analog gilt Dies von jedem Thiere unserer zoologischen Gärten, welches jung dahin gebracht wird, ohne eines seiner Art dort vorzufinden und in Gesellschaft mit ihm zu leben. Die auskriechende Raupe bekommt ihre Eltern nie zu Gesicht, weil dieselben lange vor ihrem Auskriechen gestorben sind, und dennoch verpuppt und umspinnt sie sich geradeso, wie sie es thaten. Der junge Ameisenlöwe kriecht aus dem Eichen aus, wenn die Alten längstens todt sind, und trotzdem baut er sich mit derselben Geschicklichkeit, wie

die Alten, zum Fang seiner Beute eine trichterförmige Grube. „Die aus einem Cocon aufgezogenen jungen Kreuzspinnen trennen sich nach wenigen Tagen und jede lebt für sich und macht ein Gewebe, das zwar kleiner, aber ebenso vollkommen, als das elterliche ist."[1]) Eine junge Spinne, welche nicht in der Nähe ihrer Mutter aus dem Eichen kriecht und von ihr desshalb auch Nichts gelernt haben kann, spannt doch mit derselben Kunstfertigkeit, wie sie, sofort ihr Netzchen aus.

25. So breitet sich also eine stattliche Reihe von Beispielen vor unsern Augen aus, welche den Satz illustriren und beweisen, dass die Thiere zur vollen Entwicklung der ihnen eigenthümlichen Seelen-Fähigkeiten und Naturanlagen keiner Belehrung von Seiten ihres Gleichen bedürfen, dass sie, um zum Gipfel vollendeter Meisterschaft in ihren Künsten emporzusteigen, auf Unterricht und Ausbildung von Seiten ihrer Artsgenossen durchaus nicht angewiesen sind, bei ihnen also das gerade Gegentheil von Dem statthat, was für den Menschen und die Entfaltung seiner Naturanlagen als Naturgesetz gilt. Und damit ist uns denn zugleich bereits die dritte Thatsache konstatirt, welche sich mit der Annahme, dass das Thier eine menschenähnliche Vernunft besitze, platterdings nicht reimen lässt, ihr vielmehr direkt widerstreitet. Aus jener Thatsache quillt nämlich unaufhaltsam die Alternative von Neuem hervor: Entweder sind die Thiere, gleich dem Menschen, mit dem Vermögen einer Vernunft ausgerüstet, und dann besitzen sie eine solche, welche in Ansehung ihrer natürlichen Unabhängigkeit und Selbständigkeit, ihrer spontanen Triebkraft und Entwickelungsfähigkeit die Vernunft des Menschen in grossem Abstand hinter sich zurücklässt, oder aber sie sind aller Vernunft baar und leer, so dass für jene Thatsache ein anderer Erklärungsgrund aufgespürt werden muss. Da nun aus dem schon früher einmal angegebenen Grunde Niemand es wagen wird, es auch Niemand vernünftigerweise wagen kann, sich für das erste Glied der Alternative zu entscheiden, so muss zu Gunsten des zweiten der Streit endgültig geschlichtet werden, und danach besitzt das Thier keinen Verstand, keine Vernunft.

[1]) Perty: A. a. O. S. 123.

d) Das Leben des Thieres ist stabil.

26. Die gesammte Thätigkeit des Menschen, welche man als die ihm ureigene bezeichnen darf, hält uns in ihren gleichzeitigen Resultaten das Schauspiel der reichsten Manchfaltigkeit und in ihrem geschichtlichen Verlaufe das Bild lebendigster Veränderung vor Augen. Richten wir unsern Blick zunächst auf das Gebiet der Kunst. Dort arbeitet ein Jeder nach eigenen Ideen und Einfällen, gemäss seinen besondern Neigungen und Fähigkeiten, an selbstgewählten Stoffen und für selbstgesetzte Zwecke; und dabei ahmt er das eine Mal bereits Bestehendes und Fertiges nach, das andere Mal bringt er Neues und Originelles hervor, so dass Reproduziren und Produziren, Erfinden und Nachahmen in bunter Abwechselung bei ihm sich folgen. Ausserdem gewahren wir dort, wenn wir der jedesmaligen Auffassung und Ausübung der Kunst im Ablaufe der Zeiten nachgehen, eine unaufhörliche Ebbe und Fluth; bald steigt das Schaffen und Wirken der Menschen auf den verschiedensten Feldern ihrer Versuche zu hoher Vollendung hinauf, bald fällt es von da auch wieder zu tiefer Verkommenheit herab, so dass es wohl begreiflich ist, wenn man von einer Blüthe- und Verfallzeit, von einer Geschichte der Künste redet. Ganz ähnlich ist sodann die Erscheinung, welche wir auf dem Gebiete der Wissenschaft gewahren. Hier sehen wir die Wege des Studiums bald breitspurig und eben; bald enge und steil, gleich den Radien eines Kreises nach allen Richtungen der Windrose auseinander laufen; sind ja auch in der Höhe des Himmels und in der Tiefe der Erde, in der Weite und Breite des Horizontes, rund um die Menschen und in ihnen Objekte gelegen, um welche ihr Studium kreisen kann. Jeder Mensch geht aber bei dem Studium seinen eigenen Weg, nach der Eigenart seines Talentes und Strebens wählt er sich das Wissensobjekt aus, welches er erforschen und darstellen will, und darum tragen auch die Resultate seiner Lust und Musse, seiner Mühen und Studien jedes Mal das Gepräge seiner selbsteigenen Persönlichkeit. Da ist es denn nicht anders zu erwarten, als dass auf dem ausgedehnten Gebiete der Wissenschaft die üppigste Manchfaltigkeit in den

Leistungen der Einzelnen aufschiesst. Es herrscht dort aber auch eine Fülle von Beweglichkeit und Veränderung, von Entstehen und Entwicklung, so dass die Wissenschaft mit ihren vielen Verzweigungen ebenfalls ihre Geschichte hat. Nur besteht in Bezug auf ihre geschichtliche Entwickelung zwischen Kunst und Wissenschaft ein ziemlich bedeutender Unterschied; denn die Entwickelung der einzelnen Wissenschaften, von der Philosophie allerdings abgesehen, erscheint uns im Ganzen und Grossen unter der Form eines beharrlichen Fortgangs, eines stetigen Auf- und Vorwärtsschreitens, wir sehen, dass die Mathematik und Astronomie, die Chemie und Physik, die Geologie und Ethnologie, die Physiologie und Paläontologie u. s. w. u. s. w., jedes Mal mit einem kleinen Keime ansetzt und dann, bald schneller, bald langsamer, so ziemlich regelmässig aber in die Höhe und Breite wächst, Aeste und Zweige ansetzt, Blätter, Blüthen und Früchte hervortreibt. Auf dem Gebiete der Kunst und Wissenschaft, d. i. auf der Arena des menschlichen Wirkens, hat sonach unsere anfängliche Behauptung ihre volle Bestätigung gefunden, dort zeigt sich Manchfaltigkeit und Veränderung.

27. Wenden wir nunmehr unser Augenmerk dem Gebiete des menschlichen Handelns zu, d. i. dem Bereiche der sittlichen, der gesellschaftlichen und staatlichen Ordnung, auf dass die Berechtigung unserer Behauptung auch dorten einleuchte. Was sehen wir also dort? Um diese Frage gewissermassen in der Form von Aphorismen zu beantworten, kann man wohl sagen: Eine wunderliche Manchfaltigkeit in Sitten und Gebräuchen, in Handel und Wandel, in Lebensanschauung und Lebensführung, und all Dies nicht etwa je nach Stämmen und Völkern, sondern auch nach Staaten und Ständen, nach Städten und Dörfern, ja selbst nach Familien und Individuen; ein buntfarbiges Mosaikbild von Formen der einzelnen Staaten, welche ihrem Wesen und ihrer Einrichtung, ihrem Ursprung und Zweck, ihren Leistungen und Ansprüchen nach oftmal sehr von einander abweichen, zuweilen direkt einander entgegengesetzt sind; dazu dann noch ein stetiges Wanken und Schwanken in den Meinungen und Handlungen, ein unaufhörliches Schieben und Verschieben der gesellschaftlichen Ordnung, ein beständiges Aufblühen und Ver-

welken der Staaten, kurz eine nimmerrastende Fluktuation, eine quecksilberartige Beweglichkeit. So liefert denn also auch das zweite grosse Gebiet der menschlichen Thätigkeit, das der menschlichen Handlungen, den vollgültigen Beweis, dass dem Leben des Menschen in seiner breiten Entfaltung der Stempel der Manchfaltigkeit und Veränderlichkeit tief eingedrückt ist. Nunmehr käme es darauf an, diese in mehrfachem Lichte geschilderte Thatsache bis auf ihre tiefste Wurzel bloss zu legen, sie aus ihrer letzten Ursache zu erklären. Der letzte Grund derselben liegt anscheinend in der Willensfreiheit des Menschen. Und in der That lässt es sich auch nicht läugnen, dass durch sie der Mensch in den Stand gesetzt ist, sein Wollen und Begehren auf die verschiedensten Ziele hinzurichten, sich mit seinem Streben ganz beliebig in allen möglichen Richtungen, auch in der des Fortschritts oder des Rückschritts zu bewegen. Allein da der Wille eine sogenannte blinde Kraft ist, da er des Lichtes der Vernunft und ihrer Anregung bedarf, nicht bloss, um etwa auf dieses oder jenes, sondern um überhaupt auf ein Objekt seine Thätigkeit richten zu können, so ist es im letzten und tiefsten Grunde die sinnende und berechnende, die entdeckende und erdenkende Vernunft des Menschen, worauf die Manchfaltigkeit und Veränderlichkeit im Kreise der menschlichen Willensthätigkeit basirt.

28. Wenn nun das Thier ebenfalls eine Vernunft besässe, welche der des Menschen, wenn auch nicht dem Grade, so denn doch dem Wesen nach ebenbürtig wäre, — und Dies soll ja gemäss der Hypothese unserer Gegner faktisch der Fall sein, — dann müsste man in logischer Konsequenz dieser Annahme mit unausweichbarer Nothwendigkeit erwarten, man könnte es desshalb auch mit Sicherheit und Gewissheit voraussagen, dass die vorhin aus dem Kreise des menschlichen Lebens herausgezogenen Erscheinungen auf dem viel ausgedehnteren Gebiete des Thierlebens bei näherm Zusehen in denselben oder doch wenigstens in ähnlichen Farben sich präsentiren würden. Auch in diesem Falle müsste, wie so oft anderwärts, das Wort eines unserer Nationaldichter zu seinem wohlverdienten Rechte kommen:

„Mit dem Genius steht die Natur in ewigem Bunde,
Was der Eine verspricht, leistet die Andre gewiss."

Allein dies Mal schlägt die Natur dem Genius, sit venia verbo, ein Schnippchen, indem sie den handgreiflichen Beweis liefert, dass die Hypothese von der Vernünftigkeit des Thieres Nichts weniger, als der sichere Wurf des überall die Wahrheit ahnenden und treffenden Genies ist. Schauen wir nämlich frisch und frei in das Panorama des Thierlebens hinein, so entdecken wir allenthalben ein unveränderliches Einerlei, eine stabile und stereotype Reihenfolge der Thätigkeiten. Thiere von der nämlichen Spezies z. B. bringen immer nur eine Art von Werken zu Stande: der Biber nur seine Wasserwohnung, der Adler nur seinen Horst, die Spinne nur ihr Netz, die Biene nur ihr Zellengehäuse u. s. w. u. s. w. Jedes Thier stellt auch sein Bauwerk stets auf die nämliche Weise, nach dem nämlichen Grund- und Aufriss, aus dem nämlichen Stoffe, mit den nämlichen Mitteln und in der nämlichen Vollendung dar, wie die übrigen von derselben Art, das junge, welches zum ersten Male sein sogenanntes Kunstwerk unternimmt, ebenso gut, wie das alte, welches schon Erfahrung und Uebung besitzt. Und an dieser Kunstthätigkeit der Thiere hat sich im langen Lauf der Zeit bis jetzt weder ein Fortschritt noch ein Rückschritt bemerklich gemacht; es passen z. B. die Schilderungen, welche Plinius der Aeltere vor beiläufig 1800 Jahren in seiner Naturgeschichte von der Kunst der Thiere entworfen hat, heutzutage noch ganz genau, und die viele Tausende von Jahren alten Spinngewebe der ägyptischen Pyramiden sind von den Netzen der jetzigen Spinnen durchaus nicht verschieden. Einzelne, wie Pouchet, wollen allerdings beobachtet haben, dass in der Bauthätigkeit der Thiere im Ablaufe der Zeiten kleinere Modifikationen eingetreten seien, dass z. B. die Hausschwalbe zu Rouen die Form ihres Nestes um ein Weniges gegen früher geändert habe, so dass es jetzt mehr eiförmig, flacher, geräumiger, von 9—10 Centimeter langer Eingangsspalte sei, während es früher ein Kugelsegment mit kleiner runder Oeffnung von 2—3 Centimeter Durchmesser dargestellt habe;[1])

[1]) Vgl. Perty: A. a. O. S. 412 f.

allein wie viel fehlt noch an Beobachtungsmaterial, bevor man damit die allgemeine Behauptung fundamentiren könnte, dass die Bauthätigkeit der Thiere variabel, dass sie eines Fortschritts oder Rückschritts fähig sei, und hätte man eine namhafte Anzahl von Beobachtungen, welche der soeben angemerkten glichen, gesammelt, so würde daraus höchstwahrscheinlich die Erkenntniss hervorspringen, dass der Bauthätigkeit der Thiere in Bezug auf die Verhältnisse, unter welchen sie dieselbe entfalten, immerhin von Natur aus ein gewisser Spielraum belassen ist, dass aber Dies bei allen Thieren von derselben Art in gleicher Weise gilt und früher nicht weniger, als heutzutage, stattfand.

29. Die Einförmigkeit und Stabilität, welche gewissermassen als beschwerendes Gewicht an dem künstlerischen Wirken der Thiere hängt, gewahren wir sodann auch in allen übrigen Funktionen derselben, mögen sie nun im Kreise ihres Einzel- oder ihres geselligen Lebens spielen, mögen sie sich auf Nahrung und Wohnung, auf Art und Weise ihrer Stimme, auf Fortpflanzung ihrer Spezies, auf Rettung des eigenen Lebens, auf Pflege und Beschützung ihrer Jungen, oder auf was Anderes beziehen. Ja, so stetig und starr ist die Regelmässigkeit, mit welcher die Thiere ihre Lebensbahn in ihren verschiedenen Phasen beschreiben, dass man nur ein und das andere Exemplar zu kennen braucht, um aus ihren Lebenseinrichtungen und -verrichtungen die aller übrigen Artsgenossen mit der vollkommensten Sicherheit erschliessen zu können, dass man ferner gewisse Erscheinungsformen des Thierlebens, z. B. die Ankunft und Abreise der Zugvögel, das sogenannte Wechseln des Hirsches, das Ausschwärmen der Bienen, auf das Genaueste vorauszuberechnen im Stande ist. Und auch in der Abfolge der Zeiten hat sich, wie an den künstlerischen, so auch an den übrigen Thätigkeiten jeder einzelnen Thierart Nichts geändert; ohne eine Spur von Fortschritt oder Rückschritt im Thierleben vermelden zu können, sind die Jahrhunderte und Jahrtausende darüber hinweggezogen, so dass Oswald Heer, der berühmte Naturforscher von Zürich, kein Bedenken trägt, geradezu die Behauptung aufzustellen, die Thiere der Diluvialzeit hätten dieselben Instinkte besessen, wie ihre heutigen Nachkommen.

Bei dieser Gelegenheit könnte freilich Jemand, um das soeben Gesagte in seiner Richtigkeit zu erschüttern, auf die bekannte Thatsache hinweisen, dass die Thiere einer Dressur zugänglich sind und in Folge dessen neue Fertigkeiten sich erwerben, dass man insofern also doch wohl von einem Fortschritte nach Art der Menschen bei ihnen reden dürfe. Indessen wie wahr auch die angeführte Thatsache ist, zu der an sie angelehnten Schlussfolgerung berechtigt sie nimmermehr. Bedenkt man einerseits, dass die Thiere von den Fertigkeiten, welche ihnen von dem Menschen andressirt, d. h. mit Schlägen und Schmerzen von Aussen aufgenöthigt, gleichsam mechanisch aufgepresst worden, niemals aus eigenem Antriebe Gebrauch machen, und erwägt man anderseits, dass die andressirten Fertigkeiten nicht vererbt werden und sich auch schon bei den Thieren, welche zu ihrem ehemaligen Naturzustande zurückkehren, sofort alle verlieren, wie das z. B. die wilden Pferde und Rinder Amerikas ganz deutlich beweisen, sowie auch die verwilderten Hunde, welche nicht mehr bellen, sondern heulen: so wird man nicht umhin können, einzuräumen, dass das auf einer Dressur beruhende Lernen der Thiere nur eine äussere Aehnlichkeit mit Demjenigen hat, was beim Menschen Lernen genannt wird, und dass ein eigentlicher Fortschritt, der sich nur vermittels Aufbewahrung und Ueberlieferung des Erlernten vollzieht, bei ihnen nicht möglich ist.

30. Herrscht nun aber im Leben einer jeden einzelnen Thierart eine permanente Ein- und Gleichförmigkeit, trägt darin Alles Jahr aus Jahr ein den Charakter des Stabilen und Stereotypen, so ist Dies nicht anders zu erklären, als daraus, dass um die verschiedenen Funktionen der Thiere von Natur aus ganz bestimmte Grenzen gezogen sind, welche sie nicht zu überschreiten vermögen, dass mit andern Worten die Thiere unter dem Zauberbanne einer Naturnothwendigkeit stehen, von welchem sie weder durch sich selbst, noch durch die Kraft des Menschen befreit werden können. Damit ist aber auch zugleich über die Hypothese von der Vernünftigkeit des Thieres das Verdikt gefällt. Denn wo Nothwendigkeit herrscht, da waltet keine Freiheit, und wo keine Freiheit ist, da auch kein Wille; wo aber

kein Wille existirt, da ist eine Vernunft, welche des Willens, als des unmittelbaren Organs zur Ausführung ihrer Dekrete bedarf, vollständig überflüssig und darum nicht vorhanden, denn gleichwie die Natur an dem Nothwendigen es nicht fehlen lässt, so bietet sie auch nichts Ueberflüssiges. Das Thier hat also keine Vernunft, oder was Dasselbe besagen will, es hat keinen Verstand.

e) Das Thier hat keine Sprache.

31. Der Mensch ist von Natur aus ein gesellschaftliches Wesen, das sich gedrängt fühlt, seine Ideen und Gedanken Andern zu offenbaren, sie ihnen mitzutheilen; so lehrt es unzweifelhaft die alltägliche Erfahrung. Als Medium dieser Offenbarung und Mittheilung dient ihm die Sprache, sowohl die Wort- d. i. die artikulirte Lautsprache, als auch das Surrogat derselben, d. i. die Mienen- und Geberden-, die Zeichen- und Schriftsprache. Zwar verleiht der Mensch auch Demjenigen, was er sinnlich empfindet und fühlt, wonach er, sei es mit seinem Willen, sei es mit seinem niedern Begehrungsvermögen, begehrt und strebt, einen sprachlichen Ausdruck, aber doch nur dann, wenn es zuvor in die Sphäre der Vernunft erhoben, wenn es zuvor gedacht worden ist, wie sich Dies übrigens bei den Objekten des Willens nach dem Spruche: nihil volitum, quin fuerit praecognitum, von selbst versteht. Und so darf man denn wohl ohne Anstoss behaupten, dass die Sprache direkt und unmittelbar nur zur Ueberleitung der Gedanken von einem Menschen zum andern dient. Da nun in diesem Dienste auch ihr ganzer Zweck aufgeht, ein anderer für sie absolut unerfindlich ist, so unterliegt es keinem Zweifel und ist auch noch von Niemanden ernstlich in Zweifel gezogen worden, dass der Mensch nur desshalb mit der Gabe der Sprache ausgerüstet erscheint, weil er das Vermögen des Denkens, die Vernunft, besitzt; auch sonstwo ist das Mittel ja nur um des Zweckes willen vorhanden. Hiemit harmonirt die Thatsache, dass einerseits überall dort, wo das Denken noch nicht begonnen hat, also bei kleinen Kindern, bei Kretinen und blödsinnig Geborenen, wie nicht minder dort, wo es etwa in Folge einer Krankheit wieder aufgehört hat, die Sprache fehlt,

obgleich ihr leibliches Organ, der Stimmapparat, schon vollkommen entwickelt resp. noch gänzlich unversehrt ist; und dass anderseits bei einem Menschen das Sprechen um so lebendiger, komplizirter und vollkommener hervortritt, je mehr das Denken an Inhalt und Umfang, wie auch an Schärfe und Schnelligkeit zunimmt.

Erfreute sich das Thier nun ebenfalls einer Vernunft, und zwar einer solchen, welche der menschlichen Vernunft dem Wesen nach gleich und höchstens nur dem Grade nach davon verschieden wäre, so dass es also jedenfalls ähnlich dem Menschen zu denken vermöchte, dann müsste es auch der menschlichen, oder doch wenigstens einer menschenartigen Sprache mächtig sein. Diese Schlussfolgerung leuchtet in ihrer Gültigkeit und Richtigkeit so sehr ein, dass all Diejenigen, welche von der Vernunft des Thieres reden, ihm auch sofort ohne weiteres Bedenken eine Sprache zuerkennen, welche der menschlichen ähneln soll. Vom Standpunkt der reinen Dialektik freilich liesse sich die Richtigkeit der gezogenen Schlussfolgerung bestreiten, indem man nämlich sagen könnte, aus der Vernünftigkeit des Thieres folge desshalb noch nicht ohne Weiteres und mit Nothwendigkeit, dass es auch der Sprache mächtig sein müsse, weil es ja ganz wohl möglich sei, dass das Thier einer Sprache nicht bedürfe, sei es, dass es von Natur aus nicht gedrängt werde, seine Gedanken mitzutheilen, sei es, dass es dieselben ohne Symbol und sinnfälligen Ausdruck Andern seines Gleichen offenbare. Allein auf diesen Standpunkt stellt sich Niemand, auch keiner unserer Gegner, um nicht bei dem Bestreben, dem Thiere die Vernünftigkeit zu vindiziren, den guten Ruf der eigenen Vernünftigkeit einzubüssen. Denn die Annahme, das Thier werde von Natur aus zur Mittheilung seiner angeblichen Gedanken nicht getrieben, scheitert an der Thatsache, dass viele Thiere einen regen Verkehr mit einander unterhalten und desshalb gerade gesellige Thiere genannt werden, dass einzelne sogar mittels eines eigenthümlichen Lautes der Stimme ihre Artsgenossen vor der Gefahr warnen oder zum Futter herbei locken; und behaupten wollen, dass die Thiere am Ende ohne irgend ein äusseres Symbol ihre Gedanken den Artsgenossen offenbaren, hiesse so viel, als ihnen dem Menschen gegenüber einen hohen Vorrang einräumen, was doch Niemanden in den Sinn kömmt. So bleibt es also bei unserer obigen Schlussfolgerung: Wenn das Thier Vernunft besitzt, so muss ihm auch die Gabe der Sprache eignen. Ist es denn nun auch in Wirklichkeit einer menschenähnlichen Sprache mächtig?

32. Man redet sehr oft von einer sogenannten Thiersprache, bald in dem Sinne, dass es heisst, die Thiere reagirten in ihrem gesellschaftlichen Verkehr auf gewisse Laute hin zweckmässig, aber ohne alles Bewusstsein, nach und gegen einander, bald in dem, dass gesagt wird, sie machten sich durch gewisse Laute unter einander verständlich, sie wollten mit andern Worten von ihres Gleichen verstanden sein und würden auch verstanden; letztere Behauptung kursirt natürlich nur in den Zirkeln unserer Gegner. Unter Thiersprache denkt man sich also beiderseits zunächst und gewöhnlich nichts Anders, als eine Art von Imitation der menschlichen Wortsprache, wozu das Thier sich von selbst erschwinge, nämlich gewisse Töne oder Laute, welche es entweder mit Hülfe der Respirationsorgane oder aber durch andere Theile seines Körpers zu Stande bringe. Dahin wird dann gerechnet: das Bellen des Hundes, das Miauen der Katze, das Blöken des Schafes, das Wiehern des Pferdes, das Mekkern der Ziege, das Grunzen des Schweines, das Krähen des Haushahns, das Schnattern der Gans, das Girren der Taube, das Fauchen der Eule, das Zwitschern der Schwalbe, das Quacken des Frosches u. s. w.; nicht minder aber auch: das Summen der Biene, das Brummen der Fliege, das Zirpen des Heimchens, das Tick-Tack der sogenannten Todtenuhr, das Singen der Zikade, das Knarren des Krebses, das Rasseln der Klapperschlange u. s. w. Indess mit der Wortsprache des Menschen, d. i. mit seiner eigentlich und an erster Stelle so zu nennenden Sprache, der gegenüber alle andern Arten der Gedankenmittheilung nur als Surrogate angesehen werden dürfen, können doch nur diejenigen Thierstimmen, nur diejenigen Lautäusserungen der Thiere allenfalls in Vergleich gebracht werden, welche mit Hülfe eines Stimmapparats, mit Hülfe von Respirationsorganen zu Stande kommen. Und da nun ein grosser Theil, ja bei weitem der

grösste Theil der Thiere solcher Lautäusserungen gänzlich entbehrt,[1]) so hat man, das Reich der Thiere als Ganzes ins Auge gefasst, wahrlich viel eher das Recht, zu sagen, das Thier hat keine menschenähnliche Sprache, als das Recht, die entgegengesetzte Behauptung aufzustellen.

33. Mit um so grösserem Rechte darf man aber dem Thiere die menschenähnliche Sprache aberkennen, wenn selbst die auf dem Gebrauch von Respirationsorganen beruhenden Lautäusserungen gewisser Thiere nicht einmal an die Sprache der rohen Naturvölker auch nur leise anstreifen. Und Dies ist in der That der Fall, was eine nähere und genauere Untersuchung jener Lautäusserungen klar herausstellen wird. Da weisen wir denn zunächst auf den höchst merkwürdigen Umstand hin, dass sämmtliche hörbare Aeusserungen, welche gewisse Thiere mit Hülfe ihres Stimmapparates hervorbringen, weiter Nichts, als einfache Töne und einförmige, unartikulirte Laute bilden, dass sie mit andern Worten nur aus einzelnen oder aus mehreren an einander gereihten Vokalen bestehen, der Konsonanten aber vollständig entbehren. Die Lautäusserungen jener Thiere gruppiren sich nicht zu abgerundeten Wörtern, geschweige denn zu vollständigen Sätzen, wie sie aus dem Munde des Menschen quellen; es sind im Grunde nur abgebrochene Rufe, nur Interjektionen, die sich im Allgemeinen in Freuden- und Schmerzensschreie, in Geschlechts- und Paarungsrufe, in Lock- und Warnungsstimmen unterscheiden lassen, solche Laute also, in welchen die jedesmalige Empfindung eines Sinnes oder die Stimmung des Gemüthes sich kundgiebt. Freilich gelangen einige Thiere, Vögel sind es ausnahmslos, z. B. Raben, Elstern, Staare, Papageien, durch die Dressur des Menschen allmälig dahin, auch Konsonanten zu bilden und in Folge dessen einzelne Wörter und auch kleinere Sätze auszusprechen; allein diese Thatsache verschlägt hier Nichts, weil kein Vogel, geschweige denn ein anderes Thier, nicht einmal der Affe, im unveränderten Naturzustande einen artikulirten Laut d. i. ein Wort herausbringt, obgleich doch manche Thiere, insonderheit die Vögel, mit menschenähnlichen Sprachwerkzeugen ausgestattet sind.

[1]) Vgl. hierüber H. Landois: Thierstimmen. Freiburg. 1874.

34. Fassen wir diesen höchst merkwürdigen Umstand scharf aufs Korn, denn er ist von der weittragendsten Bedeutung; er beweist für sich allein schon, dass die Thiere keine eigentliche Sprache besitzen. Auch beim Menschen besteht nämlich die eigentliche Sprache, das Medium, worin seine Gedanken vorzugsweise ihren sinnfälligen Ausdruck finden, nur aus artikulirten Lauten. Hierauf hat schon Aristoteles hingewiesen, indem er schreibt: „Sprache ist die Artikulation der Stimme durch die Zunge. Die Stimme und der Kehlkopf bringen nur die Vokale, die Zunge und die Lippen aber die Konsonanten hervor, und aus ihnen, sie zusammengenommen, besteht die Sprache. Daher sprechen all diejenigen animalischen Wesen nicht, welche gar keine oder wenigstens keine gelöste Zunge besitzen."[1]) Die unartikulirten Laute des Menschen, wie er sie z. B. beim Lachen und Schreien, beim Stöhnen und Seufzen, beim Weinen und Wimmern, beim Staunen und Sichwundern ausstösst, sind keine wesentlichen Bestandtheile der eigentlichen Sprache; sie dienen ja, wie Dies auch schon der h. Thomas von Aquin lehrt,[2]) nur den augenblicklichen Stimmungen und Regungen des Gefühls, nur den Affekten des Gemüthes und sinnlichen Begehrungsvermögens als hörbares Zeichen. Sobald aber eine Idee, ein Gedanke der Vernunft, eine Reflexion, ein Urtheil des Verstandes in einer Lautäusserung sich versinnbilden soll, wird der Laut der Stimme durch Zunge und Lippen artikulirt; und darum enthalten die Wörter und Namen, diese Grundelemente der eigentlichen Sprache, fast ausnahmslos einen oder mehrere Konsonanten. Es ist Dies gewissermassen ein Sprachgesetz; und so durchgreifend macht sich dasselbe nach Lehre der vergleichenden Sprachwissenschaft geltend, dass man aus dem Konsonantenreichthum in den Wörtern einer Sprache im Allgemeinen schon ohne Weiteres auf die geistige Entwicklung des sie redenden Volkes zurückschliessen kann.[3]) Da nun kein einziges der Thiere aus sich heraus und in unverändertem Zustande seines Natur-

[1]) Historia animalium. l. 4. c. 9.

[2]) Expos. in 1. polit. Arist. lect. 1 u.

[3]) Vgl. Fr. Kaulen: Die Sprachverwirrung zu Babel. Mainz. 1861. S. 74 ff.

lebens jemals ein Wort, einen artikulirten Laut zu Stande bringt, auch nicht einmal eins von denjenigen, deren Stimmapparat dem des Menschen sehr nahe kommt, da ihre sämmtlichen Laute der Konsonanten, dieser auf Denken und Ueberlegung, wie auch auf Wollen und Absicht hindeutenden Zeichen, entbehren, so ist der Schluss nicht mehr gewagt, dass die Thiere in den ihnen eigenthümlichen Lauten und Stimmen keine menschenähnliche Sprache besitzen.

35. Zu dem nämlichen Resultate führt uns eine zweite Erwägung, die Rücksicht nämlich auf den Umstand, dass alle Thiere von derselben Art in Zahl und Form ihrer Lautäusserungen sich ganz genau gleichen. Kleinere Abweichungen kommen darin zwar vor, so singt z. B. in den Rheinlanden hie und da ein Kukuk statt einer grossen eine kleine Terz; allein diese Abweichungen sind ob ihrer Geringfügigkeit wie auch ob ihrer grossen Seltenheit den regelmässigen Lautäusserungen gegenüber gar nicht in Betracht zu ziehen. Die Lautäusserungen, welche dieser und jener Art von Thieren eigenthümlich sind, erleiden aber auch bei denjenigen Exemplaren keine Aenderung, welche fern von ihres Gleichen aufgezogen werden oder gar in weltfremde Länderstriche gerathen, wie Dies z. B. die in unseren Gegenden ausgebrüteten exotischen Singvögel durch ihren Gesang schlagend beweisen; niemals erscheint eine Flexion oder Modulation, niemals eine wesentliche Abweichung von der Lautäusserung ihrer heimatlichen Zunftgenossen. Und hierauf stützt sich die Zoologie, wenn sie von der Stimme eines Thieres auf die der andern von gleicher Art schliesst und die der Letzteren nach der an dem einen und andern beobachteten Exemplar bestimmt, ohne jemals ein Dementi zu befürchten. Demgemäss ist also, wie vielem Andern, so auch den Lautäusserungen der Thiere der Stempel des Stabilen und Stereotypen fest aufgedrückt. Dieser Umstand berechtigt uns wahrlich zu dem Schlusse, dass das Thier seine einzelnen Laute, wie verschieden sie auch unter sich sein mögen, stets unter dem Einflusse einer Naturnothwendigkeit hervorbringt, jedes Mal der Stimmung seines Gemüthes entsprechend, in der es sich gerade befindet, dass es mit andern Worten seine Stimme spontan und unwillkürlich

ertönen lässt, ähnlich wie etwa ein Klavier seine Saiten, wenn die entsprechenden Tasten angeschlagen werden.

36. Wie ganz anders steht es um die Sprache des Menschen! Wiewohl alle Menschen des Erdenrundes zusammen nur eine einzige Spezies lebender Wesen ausmachen — die einzelnen Rassen derselben gelten ja nur als Spielarten, — so reden sie dennoch nicht ein und die nämliche Sprache. Ein Blick in die vergleichende Sprachwissenschaft genügt, um uns davon zu vergewissern, dass die Sprachen, welche heutzutage den mündlichen Verkehr der Menschen ermöglichen, nicht bloss nach Völkerstämmen und Nationen, sondern auch nach einzelnen Ländern und Provinzen, ja selbst nach verschiedenen Distrikten variiren, und Dies nicht etwa bloss in nebensächlichen und untergeordneten, sondern oft auch in grundwesentlichen und prinzipalen Stücken, als da sind: Deklination und Konjugation, Wort- und Satzverbindung; obgleich auf der andern Seite nicht zu verkennen ist, dass all die vielen und verschiedenen Sprachen auch mancherlei Dinge, zumal einzelne Wörter mit einander gemeinsam haben, die man dann als die Rudimente der verloren gegangenen Ursprache des Menschengeschlechtes betrachtet. Ausserdem ist wohl zu beachten, dass alle jetzt lebenden Sprachen sich erst allmälig im Laufe der Jahrhunderte gebildet haben, — bei vielen derselben kennt man ja sogar Ursprung und Alter, — und dass jede derselben immer noch in einem beständigen Flusse, in einer stetigen Entwicklung begriffen ist, zuweilen bis zu dem Grade, dass es einer verhältnissmässig nur kurzen Zeit bedarf, um aus ihrem Schosse eine fast ganz neue Sprache hervorgehen zu lassen, wie Dies z. B. bei der Sprache der Indianer der Fall ist, wenn sich von ihrem Hauptstamme einzelne Familien abzweigen. Alle diese Thatsachen liefern zur Genüge den Beweis, dass die vielen Sprachen der Menschen als ein Gebilde der freien Uebereinkunft, als ein Machwerk der Willkür betrachtet werden müssen; denn nur dort, wo Freiheit und Willkür walten, ist beim Anstreben ein und des nämlichen Zweckes im Gebrauch derselben Mittel eine Vielheit und Manchfaltigkeit möglich, dort ist sie aber auch mit moralischer Gewissheit zu gewärtigen. Sind nun aber die Sprachen der Menschen von

dem Prinzip der Freiheit getragen, während die Lautäusserungen der Thiere auf dem Drucke einer Naturnothwendigkeit beruhen, stehen also Beide in einem schroffen Gegensatze zu einander, so leuchtet von Neuem ein, dass wir in den Lautäusserungen der Thiere keine menschenähnliche Sprache erkennen dürfen.

37. Allein, so werden unsere Gegner sofort mit „gewohnter" Schlagfertigkeit einwenden: Wie sind denn die gezogenen Schlussfolgerungen mit der unläugbaren Thatsache in Einklang zu bringen, dass die Thiere sich durch ihre Naturlaute unter einander verständlich machen? Um ihren anscheinend wuchtigen Streich zu pariren, befolgen wir den Rath eines grossen Mannes, der da sagte: Divide et impera. Den von ihnen erhobenen Einwand entnerven wir nämlich dadurch, dass wir nach genauer Ermittelung, in wievielfachem Sinne man von den Thieren sagen könne, dass sie sich unter einander verständlich machen, endgültig feststellen, welches der sachlich allein zulässige Sinn dieser Worte sei. Zunächst nun könnte man sie dahin auslegen, dass man sagte: Die Thiere kleiden die Gedanken, welche sie mittheilen wollen, ähnlich den Menschen, in die Formen der ihnen eigenthümlichen Naturlaute, aus welchen andere ihres Gleichen sie mit Leichtigkeit herausfinden; auf diese Weise gelangen sie dann zu gegenseitigem Verständniss. Legen wir die in Rede stehenden Worte in diesem Sinne aus, so resultirt ihre eigentliche und engere Bedeutung, diejenige, welche durch Laut und Buchstabe derselben vorgeschrieben wird, und wir vindiziren damit ohne Weiteres auch den Thieren die Art und Weise, wie die Menschen sich untereinander verständlich machen und verstehen. Man kann aber die fraglichen Ausdrücke noch in einem andern Sinne deuten, in dem uneigentlichen, erweiterten und übertragenen Sinne. Hienach wollen dieselben nichts Anders besagen, als Dies, dass die Thiere auf den einen und andern Naturlaut hin, den eines ihres Gleichen ausstösst, zweckgemäss, aber unbewusst und unwillkürlich reagiren. Ein Gleichniss soll das Gesagte veranschaulichen. Drückt man bei einem Klavier die Dämpfung in die Höhe, so dass alle Saiten frei schwingen können, und singt dann einen Ton laut gegen den Resonanzboden des Klaviers, so werden all die Saiten

in Schwingung versetzt, welche dem Ton in seinen Ober- und Untertönen entsprechen; das Klavier antwortet also, indem es den betreffenden Ton wiederhallt, ganz richtig, ohne doch den Ton gehört, geschweige denn ihn verstanden zu haben, es reagirt einfach in Folge der es beherrschenden Naturgesetze. Ganz ähnlich verhält es sich nach Massgabe der zweiten Auslegung obiger Worte nun auch mit dem Thiere, wenn es den Ruf eines seines Gleichen durch einen Naturlaut erwiedert, oder ihm zufolge irgendwelche zweckgemässe Thätigkeit verrichtet; es reagirt nur und führt mit blinder Nothwendigkeit Dasjenige aus, was die in ihm waltenden Naturgesetze vorschreiben. Damit hätten wir denn zwei und zugleich auch sämmtliche Interpretationen erhoben, welche die Ausdrücke „sich verständlich machen" und „sich verstehen" überhaupt gestatten. Es fragt sich nunmehr, in welchem Sinne sie auf die Thiere einzig und allein eine Anwendung finden können.

38. Zu sagen, dass die Thiere die Naturlaute ihrer Kehle dazu benutzen, um dadurch ihre Gedanken zu symbolisiren und andern ihres Gleichen mitzutheilen, geht nicht an, weil der Beweis, dass das Thier auch wirklich Gedanken besitze, bis jetzt noch nicht erbracht ist, oder besser ausgedrückt, ins Reich der Unmöglichkeiten gehört. Es wähnen freilich nicht wenige unserer Gegner, einen vollwerthigen Beweis in Kurs zu setzen, indem sie kurzerhand behaupten, das Thier habe an seiner Vernunft ja doch das Vermögen, Gedanken zu bilden, und aus dieser Thatsache folge unmittelbar von selbst, dass es auch faktische Gedanken in sich beherbergen müsse, weil ja ein jedes Vermögen um seiner Akte willen existire und in der Bethätigung seinen natürlichen Zweck habe. Allein, wo bleibt denn der Beweis für die Behauptung, dass das Thier gleich dem Menschen das Vermögen der Vernunft besitze? Um ihn eilends nachzuholen, darf man wahrlich nicht sagen, dass die Thiere sich ja durch ihre Sprache unter einander ihre Gedanken mittheilten und darum auch an dem Vermögen der Gedankenbildung, d. i. an der Vernunft partizipiren müssten, oder man lüde direkt den Vorwurf auf sich, dass man, ohne es zu merken, „von einem bösen Geist im Kreis herumgeführt" worden, dass man mit andern

Worten den Fehler eines Zirkelschlusses begangen habe. Denn das eine Mal unterstellte man als erwiesene Thatsache die Vernünftigkeit der Thiere, um daraus den Schluss zu ziehen, dass sie der Gedanken und Begriffe, sowie auch einer menschenähnlichen Sprache fähig seien, und das andere Mal ginge man von der Voraussetzung aus, dass die Thiere eine menschenähnliche Sprache besitzen, wodurch sie sich gegenseitig ihre Gedanken offenbaren, um dann erst zu beweisen, dass sie gleich dem Menschen des Vermögens der Vernunft theilhaftig seien. So lange also auf keinem andern Wege schlagend nachgewiesen worden, dass die Thiere Verstand und Vernunft besitzen, darf man von ihnen nicht behaupten, dass sie Gedanken und Begriffe bildeten und durch ihre Naturlaute einander mittheilten, man ist mit andern Worten nicht befugt, zu sagen, dass sie sich im engern und eigentlichen Sinne dieses Wortes verständlich machen. Ist aber Dies der Fall, so bleibt für einstweilen kein anderer Ausweg übrig, als der, bei den Thieren nur im uneigentlichen und übertragenen Sinne ein Sichverständlichmachen und Sichverstehen gelten zu lassen; und dieser Ausweg wird auch in Zukunft der einzige sein. Demgemäss darf man nur insofern sagen, dass die Thiere sich untereinander verständlich machen, als sie auf die Naturlaute ihres Gleichen hin zweckgemäss, aber unbewusst reagiren; eine eigentliche Sprache ist dem Thier versagt.

39. Nachdem den Thieren die Lautsprache definitiv aberkannt ist, restirt noch die Untersuchung darüber, ob ihnen vielleicht ein Surrogat derselben zukomme. Hierunter kann aber selbstverständlich dies Mal nur die Mienen- und Geberdensprache gemeint sein, weil es geradezu eine Lächerlichkeit wäre, die Frage nach einer Schrift- und Zeichensprache des Thieres auch nur leise in Anregung zu bringen. Was zunächst die Mienensprache betrifft, so könnte sie beim Thiere, falls es einer solchen wirklich mächtig wäre, sonder Zweifel nur demselben Zwecke dienen, den sie auch bei dem Menschen hat, sie hätte mit andern Worten nur die Bestimmung, der jedesmaligen Gemüthsverfassung, den Begierden und Affekten des Thieres einen sichtbaren Ausdruck zu leihen; denn zur Symbolisirung und

Veranschaulichung von Ideen und Begriffen, von Urtheilen und Schlüssen ist sie auch bei dem Menschen schlechterdings nicht geeignet. Unter sothanen Umständen liesse sich also auch aus einer Mienensprache, selbst wenn das Thier zu einer solchen fähig wäre, für seine Vernünftigkeit absolut kein Argument herleiten. Nun ist aber das Thier einer Mienensprache baar und ledig. Mienen im rechten und strengen Sinne des Wortes, d. i. eigenthümliche Ausdrücke des Gesichtes, welche durch Kombination der verschiedenen Bewegungen einzelner Gesichtsmuskeln entstehen, sucht man bei dem Thiere rein vergeblich; es wird doch wohl Niemand den sonderbaren Einfall haben, etwa das Grinsen des Affen für ein Mienenspiel desselben zu halten. Wenn aber so manche zarte Seele glaubt, aus den Augen einer Katze oder eines Schosshündchens Gutmüthigkeit, Anhänglichkeit, Treue, Dankbarkeit u. s. w. herauszulesen, so hat sie es erstens nicht mit eigentlichen Mienen zu thun, und zweitens ergeht es ihr geradeso, wie all Denjenigen, denen in den sonnigen Morgenstunden eines Sonn- oder Feiertags die Natur viel schöner und reizender vorkommt, als an gewöhnlichen Werktagen; auch Diese vermeinen, Etwas in der Natur und ihrer Erscheinung zu gewahren, was sie doch eigentlich aus ihrer Seelenstimmung in dieselbe hineintragen, sie legen nicht aus, sie legen unter. Haben aber die Thiere kein Mienenspiel, so ermangeln sie auch der Mienensprache.

40. Ebenso fehlt dem Thiere auch die Geberdensprache. Geberden kommen allerdings bei ihnen vor, wie die Erfahrung bezeugt, man denke z. B. nur daran, dass der Hund vor Freude mit dem Schwanze wedelt, dass das Pferd in der Ungeduld mit den Füssen scharrt und stampft, dass es im Affekte des Muthes die Nüstern ausspannt und schnaubt, dass der Löwe im Zorne mit dem Schweife die Erde peitscht; aber darum sind all diese und ähnliche Geberden noch keine Sprache, keine Mittheilungen von Gedanken, wie sich aus zwei Thatsachen leicht und klar nachweisen lässt. Einmal ist es Thatsache, dass sich durch alles Denken das Bewusstsein um sich selbst, das Erfassen des eigenen Ichs hindurchzieht; dies ist gewissermassen die diamantene Achse, um welche das Gedankenleben stetig kreist, der

eingesenkte Faden, an welchen die Krystalle der verschiedenen Begriffe und Urtheile anschiessen. Der Ichgedanke sucht sich daher auch, wie in der Wort-, so auch in der Geberdensprache einen bezeichnenden, sozusagen einen stereotypen Ausdruck; es ist das Hindeuten mit der Hand, besonders aber mit dem Zeigefinger auf die Brust. Dergleichen lässt sich im Leben des Thieres nicht beobachten, noch nicht einmal bei dem Affen, der doch wenigstens zu einer solchen Handbewegung fähig ist, wiewohl er freilich den Zeigefinger für sich allein nicht ausstrecken kann, weil ihm ganz bedeutsamer Weise der eigens dazu dienende Muskel (musculus indicator) fehlt. Sodann ist es Thatsache, dass all unser Urtheilen in der Bejahung oder Verneinung eines Begriffes von einem andern besteht, und die wird in der Geberdensprache gewöhnlich durch verschiedenes Nicken und Winken mit dem Kopfe, hie und da auch durch andere Geberden ausgedrückt. Nun ist es freilich wahr, dass bei manchen Thierarten ebenfalls ein Nicken des Kopfes stattfindet, bei vielen Vierfüssern z. B. ist es regelmässig mit dem Gehen verbunden, aber zur Steuer der Wahrheit sei es gesagt, dass es bis heute keinem Materialisten, geschweige denn sonst Jemanden in den Sinn gekommen ist, jenes Nicken der Thiere etwa mit ähnlichen Kopfbewegungen eines Taubstummen auf gleiche Stufe zu stellen, es mit andern Worten für ein Zu- oder Abwinken, für eine eigentliche Geberde zu halten. Mag man daher immerhin im Hinblicke auf andere Erscheinungen von Geberden der Thiere reden, eine Geberdensprache giebt es bei ihnen nicht.

41. Nicht genug aber, dass die Thiere von Hause aus keine Sprache im eigentlichen Sinne dieses Wortes besitzen, sie sind auch nicht im Stande, die des Menschen zu verstehen. Indem wir Dies behaupten, vergessen wir keineswegs die Thatsachen, welche geeignet erscheinen könnten, uns zu widerlegen. Zunächst übersehen wir die Thatsache nicht, dass, wie schon früher[1]) einmal bemerkt worden, manche Vögel, nachdem ihnen die fleischige Zunge gelöst worden, durch eine mühsame Dressur des Menschen allmälig dahin gelangen, dass sie ihm einzelne

[1]) S. 82.

Wörter und auch kleinere Sätze nachsprechen. Trotzdem bleiben wir bei unserer Behauptung stehen, ohne eine Widerlegung derselben durch Berufung auf diese Thatsache zu befürchten. Die Thatsache beweist ja eigentlich vorderhand nur das Eine, dass jene Vögel durch die Kunst des Menschen in Stand gesetzt werden können, die von ihm gesprochenen Wörter mit ihren Sprachwerkzeugen nachzuahmen, ähnlich wie z. B. der Spottvogel den Gesang vieler Vögel mit seinem Stimmapparat nachäfft. Und genauer, selbst bis in ihre äussersten Konsequenzen hinein betrachtet, beweist die Thatsache für unsere vorliegende Frage auch Nichts mehr, als Dies; wenigstens lässt sie sich nicht als Basis für die Schlussfolgerung verwerthen, dass den Thieren unter dem Einfluss eines längern Umgangs mit dem Menschen allmälig ein Verständniss für dessen Sprache aufgehe. Dieser Schlussfolgerung wird schon durch den einen höchst merkwürdigen Umstand vorgebeugt, dass all die Vögel, welche mehrere, dem Sinne nach verschiedene Wörter oder Sätze dem Menschen abgelernt haben, dieselben weitaus in den meisten Fällen so anwenden, wie es der augenblicklichen Sachlage gar nicht entspricht. Dadurch bekunden sie doch sonnenklar, dass sie den Sinn der gelernten Wörter oder Sätze gar nicht verstanden haben, dass sie dieselben vielmehr gedankenlos, fast möchte man sagen, nur mechanisch herplappern, dass es also nichts Anders, als ein launiges Spiel des Zufalls ist, wenn einmal ein Wort derselben mit den Verhältnissen, worin sie sich eben befinden, in Harmonie steht. Die Richtigkeit des Gesagten wird durch die Thatsache nicht im Mindesten erschüttert, dass andere Vögel, welche ja nur ein Wort oder einen kleineren Satz nachzusprechen gelernt haben, meistentheils oder wenigstens sehr oft eine sachgemässe Anwendung davon machen; denn die erklärt sich ganz ungezwungen in einem uns günstigen Sinne. Geradeso nämlich, wie die Thiere insgemein, falls sie in ihren natürlichen Verhältnissen leben, unter denselben Bedingungen ohne alle weitere Ueberlegung sofort die nämliche zweckentsprechende Thätigkeit verrichten,[1]) wiederholen auch die dressirten Vögel ohne jedwedes

[1]) Vgl. S. 45 ff.

Verständniss die einzelnen angelernten Wörter oder Sätze, wenn die Bedingungen und Verumständungen zurückkehren, unter denen sie dieselben gelernt haben. Höchst passend mögen sie dann in der That bei der Anwendung der gelernten Wörter oder Sätze verfahren, aber Dies hat seinen Grund keineswegs in einem Verständniss derselben sowie in einer Reflexion auf die augenblickliche Sachlage, sondern vielmehr in der gewissermassen zu einer zweiten Natur erhobenen Gewohnheit, der sie, ähnlich wie den Trieben ihrer angeborenen Natur, unbewusst folgen, geleitet von den Gesetzen der Ideenassoziation. Bei unserer obigen Behauptung verlieren wir sodann die zweite Thatsache nicht aus dem Auge, dass Hausthiere sowohl, als Thiere der Wildniss, in Folge einer kürzeren oder längeren Dressur auf bestimmte Wörter hin genau Dasjenige ausführen, was ihre Herren oder Wärter mit den von ihnen gesprochenen Wörtern intendiren. Hiebei gewinnt es freilich den Anschein, als ob die Thiere den Sinn der Wörter verständen; aber mit dem Anschein hat es auch sein Bewenden. Sobald ein Thier den gewöhnten und bekannten Ruf seines Herrn oder Wärters hört, reagirt es ohne alles Verständniss desselben ebenso unwillkürlich, wie es auf die Naturlaute eines seines Gleichen sachentsprechend, aber unbewusst und mit Nothwendigkeit reagirt. „Allerdings erfasst manches Thier nach und nach die Bezeichnungen für einzelne concrete Gegenstände oder Handlungen, wenn sie ihm sorgfältig eingedrillt werden; nie aber versteht es die verschiedenen Beziehungen, welche die Sprache ausdrückt, und ebenso wenig das Satzgefüge; und darum achtet es auch nicht auf die Aenderung des Sinnes, die das ihm bekannte Zeichen in der Zusammensetzung mit andern erfährt. Meistens richtet es sich nur nach andern Zeichen, die das Sprechen begleiten, besonders nach dem Ausdruck der Miene; und ich kann daher z. B. dem Hunde mit den schimpflichsten Schmähworten schmeicheln, wenn nur mein ganzes Benehmen Zufriedenheit und Wohlwollen verräth.“[1]) Nach Würdigung der beiden vorgeführten Thatsachen haben wir uns also das volle Recht gewahrt, zu behaupten, dass kein Thier die Sprache des Menschen versteht.

[1]) J. Wieser: Mensch und Thier. Freiburg. 1875. S. 51.

42. Nunmehr können wir dazu übergehen, das Fazit unserer ganzen Untersuchung über die angebliche Sprache der Thiere zu ziehen. Zu Anfang derselben haben wir gesagt: Wenn das Thier Vernunft und Verstand besitzt, so muss ihm auch, gleich dem Menschen, die Gabe der Sprache eignen; und wir haben auch die Richtigkeit dieser Behauptung, den innern Zusammenhang ihres Vorder- und Nachsatzes mit Gründen hinlänglich dargethan. Da es sich nun mit Sonnenklarheit herausgestellt hat, dass die Thiere weder eine Sprache im eigentlichen Sinne des Wortes besitzen, noch auch die des Menschen verstehen, so ergiebt sich mit zwingender Nothwendigkeit von Neuem der Schluss, dass sie keinen Verstand und keine Vernunft besitzen.

43. So hätten wir denn wirklich, unserer früher[1]) gemachten Voraussagung gemäss, nicht eine einzige Erscheinung, sondern eine ganze Reihe von Erscheinungen im Kreise des Thierlebens kennen gelernt, Erscheinungen von durchgreifendem und allgemeinem Charakter, welche nicht bloss aus einer Vernünftigkeit des Thieres sich etwa nicht erklären lassen, sondern auch mit der Annahme einer Vernunft des Thieres resp. eines Verstandes desselben in direktem und diametralem Gegensatze stehen. Was folgt daraus? Wenn auf dem Gebiete der Naturwissenschaft eine Hypothese alle Erscheinungen einer bestimmten Art ausreichend und zugleich auf einfache Weise erklärt, einer einzigen Thatsache aber schnurstracks widerstreitet, so zwar, dass ihr zufolge die Thatsache absolut unmöglich ist, so wird sie von jedem Fachmanne, von jedem vernünftigen Menschen überhaupt für sachlich nicht zutreffend gehalten und verworfen. Wie viele geistreiche Hypothesen sind dort schon an einer einzigen Thatsache gescheitert! Man denke z. B. nur an die unter dem Namen Emanationstheorie bekannte Hypothese, welche man zur Zeit über die Entstehung und Fortpflanzung des Lichtes aufgestellt hatte. Sämmtliche bis dahin bekannte Lichterscheinungen liessen sich ganz schlicht und einfach aus derselben erklären, und ihre Anhänger lebten desshalb in dem ruhigen Glauben, dass sie

[1]) S. 37.

objektiv richtig sei, dass sie wenigstens ebenso viel Anspruch auf Wahrscheinlichkeit erheben könne, als die sogenannte Undulations- oder Vibrationstheorie. Als man aber eines Tags auf jene Erscheinung stiess, welche man Interferenz des Lichtes nennt, da war es um die Emanationstheorie auch sofort geschehen. Ihr zufolge müsste nämlich an dem Punkte, auf welchen man künstlich zwei divergirende Lichtstrahlen leitet, jedes Mal helleres Licht erzeugt werden; doch siehe da, oftmals blieb dort das Licht aus, es herrschte statt dessen völlige Dunkelheit. Weil also die Emanationstheorie sich mit dieser neuentdeckten Thatsache als durchaus unvereinbar erwies, mit ihr in offenbarem Widerspruche stand, so gab man sie von da ab als unrichtig auf, um sich der Undulationstheorie anzuschliessen, mittels deren sich auch die Interferenz des Lichtes ganz leicht erklären liess. Da es nun auf dem Gebiete der Psychologie um die materialistische Hypothese, wonach das Thier Vernunft oder Verstand besitzen soll, ganz geradeso bestellt ist, wie es auf dem Gebiete der Physik mit der Emanationstheorie über die Entstehung und Fortpflanzung des Lichtes der Fall war: so bleibt dem exakten Naturforscher, der sine ira et studio die Wahrheit sucht und sie in jeder Gestalt, ob lieb oder leid, acceptirt, gar nichts Anders übrig, als auch über jene Hypothese von der Vernünftigkeit des Thieres den Stab zu brechen und sie als eine sachlich unrichtige zu verwerfen. Wer um seiner vorgefassten Meinung willen, oder aus Furcht vor den nothwendigen Konsequenzen seines Schrittes nicht so handeln wollte, der müsste es sich gefallen lassen, dass sein Name aus der Liste der exakten Forscher und Freunde der Wahrheit ausgestrichen würde. Aber nunmehr erhebt sich vor uns die Aufgabe, eine andere Hypothese namhaft zu machen, welche, wie alle verstandesmässigen Thätigkeiten, so auch jene fünf mit der Annahme einer Vernünftigkeit des Thieres in Widerspruch stehenden Thatsachen zu erklären im Stande ist, auf dass dann Diejenigen, welche der letzteren Annahme den Scheidebrief gegeben, sich ihr für immer anschliessen können.

III.

Der Instinkt des Thieres.

1. Um die höchst zweckmässigen Thätigkeiten der Thiere zu erklären, stellen all Diejenigen, welche von einer Vernünftigkeit derselben Nichts wissen wollen, die Hypothese auf, dass die Thiere in Verrichtung jener Thätigkeiten von einem natürlichen, angeborenen Instinkte geleitet werden. Diese Hypothese datirt nicht erst aus neuerer Zeit, wie ein französischer Kavallerieoberst jüngsthin es meinte,[1]) an ihr hängen die Siegel einer langen Vergangenheit; ihren Ursprung könnte man füglich in die Zeiten des Aristoteles verlegen. Bevor wir uns darauf einlassen, die Wahrscheinlichkeit, oder sagen wir besser, die Richtigkeit derselben nachzuweisen, erachten wir es für nothwendig, zu definiren, was wir unter dem sogenannten Instinkte verstanden wissen wollen, und Dies um so mehr, als von Seiten unserer Gegner so oft der Vorwurf uns entgegengeschleudert wird, dass sie sich unter dem von uns angenommenen Instinkte nichts Fassliches und Bestimmtes vorstellen könnten, und sie desshalb gar zu sehr geneigt sind, ihn für ein quid pro quo oder für eine Art von Deus ex machina zu halten, den wir ihrer Meinung nach aus reiner Verlegenheit in das Triebwerk des Thierlebens einfügten. Es wird sich dann auch klar zeigen, wie wenig Professor P. Scheitlin berechtigt war, von dem Instinkte zu sagen:[2]) „Kaum gibt's ein dunkleres, und desswegen fürs Erkenntnissvermögen widrigeres Capitel, als dieses.“

---

[1]) H. Gay: Observations sur les instincts de l'homme et l'intelligence des animaux. Paris. 1878. p. 94.

[2]) A. a. O. Bd. 2, S. 324.

2. Das Wort Instinkt (instinctus) ist aus dem Lateinischen herübergenommen und bedeutet seiner Etymologie gemäss soviel, als: Antreibung, Anreizung, Aufstachelung; in der Wissenschaft wird ihm aber, indem es zugleich für das Gebiet des Lebendigen reservirt wird, ein etwas modifizirter Sinn untergeschoben. Der Eine versteht darunter eine besondere, neben andern Kräften für sich waltende Kraft;[1]) ein Anderer[2]) „die ganze in sich gesammelte und auf einen Zweck gerichtete Lebenskraft, die volle Energie des Lebensbedürfnisses;" der Dritte[3]) „ein ganzes System von Ursachen und Wirkungen, welche desswegen dunkler und schwerer begreiflich sind, als sie im unbewussten Leben ihre Wurzeln haben;" Andere denken sich darunter noch Anderes, Diejenigen natürlich hier nicht mitgemeint, welchen der Instinkt „nur ein anderer Ausdruck für Verstand oder Vernunft auf einer eigenthümlichen Stufe der Entwickelung" ist. Wir begnügen uns aber, diese verschiedenen Nüancirungen im Verständniss des Wortes Instinkt einfach nur zu registriren, ohne uns auf eine kritische Beleuchtung derselben einzulassen; statt dessen wollen wir lieber unsere eigene, doch was sagen wir, die seit den Tagen des Mittelalters in den christlichen Philosophenschulen traditionell gewordene Definition des Instinktes mittheilen und erörtern, weil sie ganz allein dazu angethan ist, bei Anwendung und Durchführung der zuvor aufgestellten Hypothese hülfreiche Hand zu leisten. Demnach sagen wir: Der Instinkt ist diejenige Eigenthümlichkeit oder Einrichtung im Begehrungsvermögen eines lebenden Wesens, derzufolge es, wenn es innerhalb der von Natur aus ihm zugewiesenen Lebenssphäre sich bewegt, stets zweckmässige Thätigkeiten verrichtet, aber ohne alle vorausgehende Erkenntniss ihrer Zweckmässigkeit. Merkwürdigerweise stimmt hiemit die Definition, welche ein ungläubiger Philosoph von dem Instinkte giebt, sachlich so ziemlich überein; Ed. von Hartmann, ihn

---

[1]) Gay: L. c. p. 95.
[2]) Fr. Körner: Instinkt und freier Wille. Leipzig. 1875. S. 151.
[3]) Perty: A. a. O. S. 120.

meinen wir, schreibt nämlich:[1]) „Instinct ist zweckmässiges Handeln ohne Bewusstsein des Zwecks.“

Unserer Definition gemäss ist also der Instinkt keine selbständige Kraft, sondern vielmehr nur eine besondere Eigenthümlichkeit oder Einrichtung, eine besondere Anlage einer Kraft oder eines Vermögens der lebenden Wesen, und nicht einmal jedweden Vermögens, sondern bloss eines solchen, welches sich als eine begehrende Kraft, als ein Begehrungsvermögen auf irgend einen Titel hin ausweist; den wahrnehmenden oder erkennenden Vermögen schreiben wir keinen Instinkt zu. Weiterhin ist zu bemerken, dass man den Instinkt nicht verwechseln darf mit dem sogenannten Trieb, welcher, wie den Begehrungsvermögen, so auch allen übrigen Lebenskräften innewohnt und den eigentlichen Grund bildet, wesshalb jede derselben sofort in Aktion übergeht, sobald das ihr entsprechende Objekt vor ihr erscheint, sich also ganz ähnlich verhält, wie etwa die Kraft eines Magneten, die da gewissermassen stets auf ein Stück Eisen lauert, um es sofort anzuziehen, wenn es in seine Nähe kommt. Bei den Begehrungsvermögen ist freilich der Trieb und der Instinkt, materiell und sachlich genommen, Eins und Dasselbe, Beide liegen sozusagen als ein einziges treibendes Agens an der Wurzel jener Vermögen, um sie zur Thätigkeit immerfort zu drängen; trotzdem besteht zwischen Beiden ein begrifflicher und formeller Unterschied. Unter dem Triebe verstehen wir nämlich bloss den natürlichen Hang und Drang des Begehrungsvermögens zur Thätigkeit überhaupt, und unter dem Instinkte eben diesen natürlichen Zug, insofern er die Thätigkeit des Begehrungsvermögens jedes Mal auf das Zweckmässige und Zuträgliche hinleitet, ohne dass aber dabei von Seiten des begehrenden Wesens eine vorherige Erkenntniss der Zweckmässigkeit und Zuträglichkeit der begehrten Sache stattfindet.

3. Nachdem wir nun die Definition von Instinkt, sowie wir ihn verstanden wissen wollen, präzisirt und erörtert haben, ist es an der Zeit, unsere obige Hypothese über die vielen Zweckmässigkeiten im Verlaufe des Thierlebens zu justifiziren. Wir

---

[1]) A. a. O. S. 54.

erfüllen diese Pflicht, indem wir nachweisen, dass unsere Hypothese dem objektiven Thatbestand, welcher von der Wissenschaft erhoben und festgestellt worden, auf die ungezwungenste Weise sich anpasst, ihn höchst sachgemäss erklärt. Nicht wenig wird es aber dazu beitragen, ihr die Wege zu unsern Gegnern zu ebnen und ihr auch bei ihnen eine freundliche Aufnahme zu erwirken, wenn wir vorher darthun, dass es auf dem Gebiete der beiden Lebensordnungen, zwischen welchen die spezifischen Thätigkeiten des Thieres ihrer Rangordnung nach liegen, d. i. im Bereiche des pflanzlichen und des menschlichen Lebens, ebenfalls eine Menge von Zweckmässigkeiten giebt, welche sich nur durch Annahme eines dort waltenden und leitenden Instinkts wissenschaftlich erklären lassen. Denn aus dem Umstande, dass sie auf verwandten Gebieten, wo man sie freilich nur in analogem Sinne verwerthen kann, von einem durchschlagenden Erfolge gekrönt wird, erwächst für jeden vorurtheilsfreien Forscher ohne Weiteres ihre innere Möglichkeit und auch schon ein hoher Grad äusserer Wahrscheinlichkeit. Versuchen wir also den Beweis, dass nicht bloss sämmtliche zweckmässige Thätigkeiten der Pflanze, sondern sogar auch viele zweckmässige Thätigkeiten des Menschen nur in einem dabei sich geltend machenden Instinkte ihren zuständigen Grund haben können.

4. Die Lebensfunktionen der Pflanze, wir denken hier zunächst nur an die vollkommen entwickelte Pflanze, enthalten sämmtlich das Bild der höchsten und sinnigsten Zweckmässigkeit. Wie zahlreich und wie verschieden sind diese Funktionen, entsprechend den vielen einzelnen Theilen und Theilchen, welche der pflanzliche Organismus schon vor dem unbewaffneten Auge, mehr aber noch unter dem Glas des Mikroskopes aufzeigt! Anders funktioniren die Wurzeln, anders der Stamm und die Zweige, anders die Blätter, anders die Blüthen; anders arbeiten die Zellen im Marke, anders im Holze, anders im Baste und anders in der Rinde des Stammes; anders gestaltet sich der Lebensprozess unter dem Einfluss des Lichtes und anders unter dem der Dunkelheit. Dennoch greifen die Funktionen all der vielen Organe sehr genau in einander; keines wirkt isolirt, eines dient dem andern und wird auch

wieder von einem dritten bedient, so dass man wahrlich sagen muss, es sei in der Pflanze nicht Vieles, sondern Eines durch Vieles auf einen Endzweck hin thätig. Und fragt man, auf welchen Zweck es bei dem harmonischen Zusammenwirken aller Glieder eines pflanzlichen Organismus zuletzt abgesehen sei, so kann die Antwort nicht zweifelhaft sein: es ist die Erhaltung des Individuums und seiner Art. Zu diesem Ende verrichten die Pflanzen nicht selten Thätigkeiten, welche mit solchen aus dem Lebenskreise des Thieres eine ganz frappante Aehnlichkeit haben. Es sei uns gestattet, auf die merkwürdigsten solcher Thätigkeiten die Aufmerksamkeit hinzulenken.

5. Jedermann kann wahrnehmen, dass die Zweige und Blätter der in Treibhäusern oder auch in Zimmern gezogenen Pflanzen sich stets den Fenstern zuwenden, dass die Aeste der Waldbäume immer nach den lichten Stellen hinstreben, dass die Sonnenblume ihre Krone regelmässig nach dem Laufe der Sonne dreht; und Jedermann weiss auch, dass durch die direkte Aufnahme der Licht- und Wärmestrahlen die Pflanzen besser gedeihen. Wir finden hier also den nämlichen Vorgang, wie bei den Thieren, welche nach eingenommener Mahlzeit sich in die Sonne legen, und werden zumal an den Polypen erinnert, der sich von der beschatteten Seite seines Körpers stets nach der von der Sonne beschienenen hindreht. Wenn die sogenannte Sinnpflanze (Mimosa pudica) durch Berührung, durch den Tritt des Vorübergehenden oder durch irgend eine andere plötzlich einwirkende Ursache gereizt wird, so legen sich sofort ihre lanzettförmigen Blätter nach vorne dachziegelförmig über einander, die Blattstiele beugen sich rückwärts dem Stengel zu und die Zweige neigen sich mit ihrer Spitze; sie macht es also ganz gerade so, wie etwa eine Schnecke, welche bei der leisesten Berührung ihre Fühlhörner einzieht und in ihr Gehäuse zurückweicht, oder wie der Pochkäfer, welcher bei nahender Gefahr die Fühler und alle Füsse anzieht und, ohne ein Glied zu regen, solange liegen bleibt, bis die Gefahr vorübergegangen ist. Viele Pflanzen schliessen, wenn es regnen will, ihre Blumenkrone, um die Pollenkörner vor dem ihnen schädlichen Thau zu schützen, viele thun es auch des Nachts; andere beugen zu demselben Zwecke die Blumenstiele

bei einbrechender Nacht um, so dass die Mündung der Krone abwärts gekehrt ist. Dass aber das Niedersenken der Blüthenstiele nicht etwa auf einer Erschlaffung derselben beruht, beweist der Umstand, dass sie in ihrer gebogenen Stellung immer gespannt und elastisch sind. Im sogenannten Schlafzustande bildet die Malva peruviana durch Aufrichtung ihrer Blätter um den Stengel und die Spitze der Zweige eine Art von Trichter, unter welchem die jungen Blätter und Blüthen Schutz finden, und das gemeine Springkraut (Impatiens noli me tangere) konstruirt aus den herabgesenkten obersten Blättern ein Gewölbe, um darin seine Blumen des Nachts zu verbergen.[1]) All diese Beispiele haben ihr getreues Abkonterfei im Leben der Thiere, welche sich in ihre Höhlen oder Nester, oder an sonst einen gedeckten Ort zurückziehen, wenn sie sich vor Wind und Wetter schützen wollen.

Bei manchen Pflanzen giebt es ferner eigenthümliche Vorrichtungen oder Organe, wodurch sie im Stande sind, solche Thiere, welche ihre Nahrung erbeuten, einigermassen nachzuahmen. So verwachsen z. B. bei der gemeinen Weberdistel (Dipsacus fullonum) die Blätter um den Stamm herum und bilden dadurch eine Art von Becken, welches das Regenwasser auffängt; die Insekten, welche hineinfallen, ertrinken und dienen nach ihrer allmäligen Verwesung der Pflanze zur Nahrung. Aehnliches kann man auch bei der tropischen Schmarotzerpflanze Tillandsia utriculata beobachten. Viel deutlicher aber tritt die Erscheinung des Insektenfangs hervor bei den verschiedenen Arten der Sarracenia, welche in den nordamerikanischen Sümpfen wachsen, sowie bei der Nepenthes destillatoria der Insel Ceylon. An ihnen kommen eigenthümliche Behälter vor in der Form von Tuten oder Urnen, welche zum Theil mit beweglichen

[1]) Einige Pflanzen giebt es freilich, welche ihre Blumenkelche des Abends öffnen und des Morgens oder schon vorher schliessen. So öffnet sich z. B. die Königin der Nacht (Cactus grandiflorus), welche nur ein Mal blüht, um 7 Uhr Abends und schliesst sich ungefähr um Mitternacht; ebenso öffnet das Mesembryanthemum noctiflorum Abends 7 Uhr seine Blüthe, schliesst sie aber erst gegen 6 oder 7 Uhr Morgens, und wiederholt dann diese Manipulation mehrere Tage nach einander.

Deckeln versehen sind. In diesen Behältern sondert sich Wasser in reichlicher Menge ab, durch dessen süsslichen Geruch eine bestimmte Art von Insekten angelockt wird, um darin zu ertrinken. Die Deckel schliessen sich zur Zeit des Regnens und des Thauens, also dann, wenn die Insekten weniger umherschwärmen; manche von ihnen sind auch noch im Innern mit Haaren bewachsen, welche so gestellt sind, dass die Insekten zwar bequem in die Behälter hinein, aber nicht leicht wieder heraus kriechen können und desshalb ihren Tod darin finden. Durch die Verwesung der ertrunkenen Insekten entsteht dann, wie die Reisenden versichern, oftmals ein Gestank, welcher die ganze Gegend erfüllt, und man weiss, wie förderlich die durch thierische Zersetzungsprodukte verpestete Luft dem Wachsthum der Pflanzen ist. Am entschiedensten jedoch gewahrt man das Bestreben, Insekten als Nahrung zu erbeuten, bei einer Reihe von Pflanzen, denen Charles Darwin in einem umfangreichen Buche[1]), „Insektenfressende Pflanzen" betitelt, eine erneute Untersuchung gewidmet hat; es sind vorzugsweise: der rundblätterige Sonnenthau (Drosera rotundifolia) unserer Haiden und die Fliegenfalle (Dionaea muscipula) in den nordamerikanischen Staaten Florida und Südcarolina. Die Blätter der Drosera tragen auf ihrer Oberfläche grössere und kleinere Stielchen, von Darwin ganz passend Tentakeln genannt, deren jedes in einer sehr empfindsamen Drüse endet. Die Drüsen sind von einem schleimigen und klebrigen, aber glashellen Tröpfchen umgeben, durch deren Glanz die Insekten schon von Weitem her angezogen werden. So oft die Drüsen gereizt werden, sondern sie eine sauere Flüssigkeit ab, die mit dem Magensafte der Thiere die grösste Aehnlichkeit besitzt; jedenfalls ist die Flüssigkeit im Stande, wie zahlreiche Versuche bewiesen haben, thierische Substanzen ebenso aufzulösen, wie es mit denselben im Magen des Thieres durch den Verdauungssaft geschieht. Berührt nun ein Insekt auch nur ganz leise eine oder mehrere Drüsen, so wird es von ihrem sofort ausgesonderten Safte festgehalten, die Tentakeln beugen sich und umschliessen das Insekt, die Säure löst

[1]) Uebersetzt von J. V. Carus. Stuttgart. 1876.

es auf und alsdann saugt das Blatt die assimilirbaren Bestandtheile desselben als Nahrung ein. Die Zeit, welche die Tentakeln zu ihrer Umbiegung bedürfen, beträgt bald eine bald mehrere Stunden, je nach der Natur des Gegenstandes, von welchem der Reiz der Drüsen ausgeht; die Umbeugung erfolgt am raschesten und dauert auch am längsten an, wenn sie durch animalische Substanzen, wie Fleisch, Knochen, Knorpel und Insekten veranlasst wird. Die Dionaea muscipula sodann hat sehr reizbare Drüsen auf der Oberfläche ihrer Blätter, die mit haarartigen Stacheln besetzt sind und durch ihre hochrothe Farbe schon aus der Ferne in die Augen fallen. Wagt sich ein Insekt auf ein solches Blatt, so legen sich sofort dessen Stacheln um, und die Drüsen sondern ihren klebrigen Saft ab, wodurch das Insekt festgehalten wird; alsdann rollt sich auch noch das Blatt innerhalb weniger Sekunden zusammen und presst das Insekt so lange, bis es sich nicht mehr bewegt und verendet ist. Dass aber die Blätter der Dionaea die Insekten nicht bloss fangen, sondern auch verzehren, hat Darwin durch die Beobachtung festgestellt, dass die kleinen purpurnen Drüsen sowohl die Fähigkeit der Absonderung, als auch die der Resorption besitzen; man erkennt es übrigens schon aus der einfachen Thatsache, dass jede derartige Pflanze, auf deren Blätter fein zerriebene Fleischfasern gelegt werden, viel üppiger gedeiht, als eine andere, welche mit Unterlassung dieses Umstandes in ganz gleicher Weise behandelt wird. Und fragt man nun endlich, bei welchem Thiere sich die nämliche oder wenigstens eine analoge Erscheinung beobachten lasse, so weisen wir beispielsweise nur auf die grünen Armpolypen (Hydra viridis) der süssen Gewässer hin, welche ihr Opfer mit ihren Fangarmen umschlingen und es dann mit dem giftigen Sekret ihrer Mundöffnungen tödten, auflösen und aufsaugen.

Endlich soll noch auf einige interessante, bei gewissen Wasserpflanzen zum Zwecke der Befruchtung und Fortpflanzung stattfindende Vorgänge hingewiesen werden, welche, bald mehr bald weniger deutlich, dem Verfahren der Fische ähneln, wenn sie aus der Tiefe des Wassers heraufsteigen, um an dessen Oberfläche zu laichen und die gelegten Eier zu befruchten, auf diese Weise also dem die Fortpflanzung hemmenden oder störenden Einfluss des Wassers zuvorkommen. Die Wassernuss (Trapa natans) keimt am Boden des Wassers und entwickelt sich auch dort. Sobald aber die Blüthezeit herannaht, schwellen die Blattstiele zu zelligen, mit Luft angefüllten Blasen an, wodurch die Pflanze an die Oberfläche des Wassers gehoben wird. An der Luft erfolgt dann die Blüthe und die Befruchtung. Sowie dieser Prozess aber vorüber ist, füllen sich die Blasen unter dem Entweichen der Luft mit Wasser, und in Folge dessen sinkt die Pflanze wieder auf den Grund des Wassers, um dort ihren Samen zur Reife zu bringen. „Die Utricularia-Arten bieten eine noch zusammengesetztere Einrichtung dar. Die Wurzeln oder vielmehr die untergetauchten Blätter dieser Pflanzen sind ausserordentlich stark verzweigt und mit einer Menge kleiner rundlicher Schläuche (utriculi) besetzt, die mit einer Art beweglichen Deckels versehen sind. Bei den jungen Utricularien sind diese Schläuche mit einem Schleime angefüllt, der schwerer ist, als das Wasser, und bleibt die Pflanze, durch diesen Ballast zurückgehalten, am Grunde des Wassers. Wenn nun die Blüthezeit herannaht, sondert die Pflanze Luft ab, welche in die Schläuche hineindringt und den Schleim hinaustreibt, indem der Deckel aufgehoben wird; wenn die Pflanze auf diese Weise mit einer Menge von Blasen ausgerüstet ist, die mit Luft gefüllt sind, so hebt sie sich langsam empor und schwimmt zuletzt an der Oberfläche des Wassers, so dass das Blühen an der freien Luft vollzogen werden kann. Ist die Blüthezeit abgelaufen, so fängt die Wurzel an, Schleim abzusondern, und nimmt dieser in den Schläuchen die Stelle der Luft ein; hierdurch wird die Pflanze schwerer, sinkt auf den Boden des Wassers, und bringt ihre Samen an der nämlichen Stelle zur Reife, an welcher dieselben wieder ausgestreut werden sollen.“[1])

6. Keiner von all unsern Gegnern, welche der teleologischen Naturauffassung huldigen, und mit solchen haben wir uns im vorliegenden Falle ja ganz allein auseinander zu setzen, wird

---

[1]) G. Th. Fechner: Nanna oder über das Seelenleben der Pflanzen. Leipzig. 1848. S. 239.

in Abrede stellen, dass die aus dem Leben der bereits entwickelten Pflanzen soeben ausgehobenen Thätigkeiten das Gepräge der höchsten Zweckmässigkeit an sich tragen, dass sie sogar hinter den früherhin signalisirten Zweckmässigkeiten des Thierlebens an Vollwerthigkeit nicht zurückbleiben. Ebenso wenig wird Jemand aus ihrer Mitte aber auch dann den Stempel der sinnigsten Zweckmässigkeit übersehen, wenn ihm diejenigen Funktionen der Pflanze, welche in ihrem morphologischen Prozess, d. i. in ihrer allmäligen Entwickelung, zu Tage treten und sie bedingen, vor Augen gehalten werden. Diese zweite Art pflanzlicher Thätigkeiten wollen wir daher nunmehr aufführen, jedoch so, dass wir sie nur skizzenhaft zu einem Gesammtbilde vereinigen.

7. Gleichwie alle Thiere aus einer mikroskopisch kleinen Keim- oder Urzelle sich entwickeln, so bildet die erste nur durch das Mikroskop erkennbare Anlage einer jeden Pflanze, von dem Schimmel und Moose an bis zur Lilie und zum Eichbaum, das sogenannte Protoplasma; jede Spore der Kryptogamen, jeder Embryo des Samens einer Phanerogame ist nur das Produkt der Umbildungen dieses Stoffes. Die Entwickelung des Pflanzenkeims beginnt mit dem Aussenden der Wurzel nach abwärts in der Erde.[1]) „Mit bedeutender Zugkraft begabt, an ihren leicht verletzlichen Spitzen mit Wurzelhäubchen und an ihren Verzweigungen mit aufsaugenden Wurzelschwämmchen versehen, verbreitet sich die Wurzel in der Erde, um das Gewächs zu tragen und ihm aus dem Boden Nahrung zu übermitteln.“ Die Wurzel bringt jedes Mal die eigenthümliche Art und Natur der Pflanze zum plastischen Ausdruck und schmiegt sich, je nach den verschiedenen Arten, tausendfaltig der Aufgabe an, die Pflanze an den Boden zu befestigen; bald geht sie mehr bald weniger tief hinab, bald dehnt sie sich mehr bald weniger in die Breite aus, jedes Mal nach Massgabe der Höhe des Stammes und des Umfangs seiner Zweige. „Aus der Wurzel steigt der Stamm empor als Träger und Nahrungsleiter des

---

[1]) Vgl. zu dem Folgenden C. Berthold: Die Herrschaft der Zweckmässigkeit in der Natur. Köln 1877. S. 17 u. 21 ff.; Schröder van der Kolk: A. a. O. S. 45 f. u. 55.

Gewächses. Er selbst ist für diese Aufgabe befähigt durch ein inneres Gerüst von Gefässen, die Capillarröhren darstellen, deren Wände durch Verdickungsringe, durch spiralige Fäden oder durch Tüpfel gefestet sind und die zugleich die Saftröhren von der Wurzel empor bis zu den Blättern führen, oder die von den Blättern umgebildeten Stoffe zurückleiten. Diese Gefässe, zu Bündeln vereinigt, bilden gleichsam ein inneres Pfeilergerüst, dem sich das übrige Bauwerk, aus Zellen bestehend, anlehnt und die Zwischenräume erfüllt. Auch diese Zellen erhielten wieder die verschiedensten Formen und Aufgaben, je nach der Stellung, die sie im Marke und Holze, im Baste und in der Rinde des Stammes einnehmen. Eine jede Zelle stellt gewissermassen ein chemisches Laboratorium dar, in welchem die von der Pflanze aufgenommenen Säfte bearbeitet werden, und es findet zudem eine Verbindung der Arbeit zwischen den benachbarten Zellen statt. Auch für diesen Zweck erhielten die Zellen ihre bestimmten Einrichtungen. So bleiben bei denjenigen Zellen, deren Wände mit Verdickungsschichten bekleidet sind, feine Oeffnungen in dieser Schicht, welche genau auf die Oeffnungen der Nachbarzelle passen, so dass der Austausch des beiderseitigen Zelleninhalts stattfinden kann.“ Der aufwärtsschiessende Stamm oder Stengel ist zum Voraus schon in seiner Dicke und Länge, sowie auch in der Vertheilung, Spannung und Festigkeit des Zellengewebes und der Gefässbündel auf die Last berechnet, die er tragen soll. Ist diese für ihn allein zu schwer, so kommt er sich durch besondere Einrichtungen zu Hülfe, und daher denn die Cyrrhen an dem Epheu, die Ranken an dem Weinstock und die Spiralwindungen unserer Erbs- und anderer Schlingpflanzen, wodurch sie sich an feste Stützen anlehnen.[1])

[1]) Jede Schlingpflanze ist von Natur entweder rechtsläufig oder linksläufig. Eine solche Pflanze wächst zuerst ein Stück senkrecht in die Höhe, dann biegt sich ihr Stengel wagerecht um und beschreibt Kreise, um sich in der Umgebung eine Stütze zu suchen, ähnlich einer augenlosen Raupe, welche mit ihrem Vordertheile sich im Kreise dreht, wenn sie auf ein neues Blatt will. Doch verfährt die Pflanze beim Suchen einer Stütze mit Auswahl. Die Flachsseide z. B. windet sich nicht um todte organische,

Bald früher, bald später, je nach der besonderen Pflanzenart, zertheilt sich dann der Stamm in Aeste und Zweige. Aus den Zweigen brechen allmälig die Blätter hervor. Sie haben die Aufgabe, „die Kohlensäure der Luft unter dem Einflusse des Lichtes einzuathmen, zu zersetzen, den Kohlenstoff zurückzubehalten und den Sauerstoff wieder auszuscheiden. Zugleich wirken sie als Verdunstungsflächen, bewirken also, dass der von Wurzel und Stamm aufsteigende Saftstrom mit seinen chemischen Arbeiten nicht stockt. Für diese ihre Aufgabe sind die Blätter mit unübertrefflicher Zweckmässigkeit ausgestaltet, indem sie durchgehends in dünne Flächen zerbreitet und dem Einflusse des Lichtes sowie der Atmosphäre gleichsam ganz blossgelegt sind. Die Gefässbündel der Rippen geben in vielfacher Theilung namentlich den dünnen, weichen und grossen Blättern den nöthigen Halt und leiten zugleich die Säfte in das Blatt. Das Zellengewebe der Blattspreite ist locker und an der Unterseite der Blätter mit ‚Mündchen' (Stomata) besetzt, welche die Luft ein- und ausathmen. Diese von zwei lippenförmigen Schliesszellen umgebenen Mündchen stehen mit grösseren Luftlücken des Zellgewebes der Blattunterseite in Verbindung, und so ist das ganze Blatt durchlüftet wie eine Lunge. Diese Athemöffnungen liegen regelmässig an der Blattunterseite; denn einerseits darf hier das Gewebe lockerer sein, während die Oberseite des Blattes widerstandsfähiger bleiben muss und desshalb durch ein Pallisadengewebe gefestet ist; dann bleiben die Athemöffnungen an der Unterseite eben geschützter, sie werden hier nicht so leicht durch Regen oder Staub verstopft. Nur in dem Falle, dass ein Blatt häufig seine Stellung wechselt, wie es bei der Zitterpappel der Fall ist, oder wenn es senkrecht steht, wie bei manchen Schwertblättern, finden sich die Stomaten auf beiden Blattseiten; Blätter hingegen, welche auf dem Wasser schwimmen, wie jene der Wasserlilie, haben ihre Athemöffnungen

---

noch auch um unorganische Stützen, sondern nur um lebende Pflanzen, denn ihre in der Erde haftenden Wurzeln sterben bald ab, und ist sie dann ganz auf die Nahrung angewiesen, die sie mit ihren Papillen aus dem umrankten Gewächse saugt; hat sie dadurch das letztere getödtet, so erweitert sie von Neuem ihre Windungen, um ein anderes Gewächs zu erfassen.

der gewöhnlichen Regel entgegen auf der Oberseite.“ Der Grund, warum in diesen letztern Fällen im Interesse der Zweckmässigkeit eine Ausnahme von der Regel gemacht wird, ist zu offenkundig, als dass es nöthig wäre, ihn noch ausdrücklich hervorzuheben.

Was sodann die Blüthenknospen anlangt, welche an den Zweigen heraustreiben, so entdeckt man bei ihnen in der Art und Weise, wie sich ihre einzelnen Theile zusammenlegen, eine bewunderungswerthe Kunst der Raumbenutzung, und zugleich sieht man darin die Blumenblätter sammt den Befruchtungstheilen in einer Ordnung liegen, welche gleich dem Grund- und Aufriss eines Gebäudes sofort auf einen bestimmten Plan schliessen lässt. Jede Pflanze trifft aber auch zum Schutze ihrer Knospen gegen Nässe, Kälte und sonstige schädliche Witterungseinflüsse die zweckmässigsten Vorkehrungen. „Bei der wilden Kastanie wird die künftige Blüthe von einer feinen Wolle umschlossen, und ausserdem sind auch die Schutzblätter noch mit einer harzigen Substanz bedeckt, wodurch die Knospe gegen das Eindringen von Wasser und gegen das Erfrieren geschützt wird. Den Zweck, durch dergleichen Vorrichtungen gegen die Winterkälte einen Schutz zu gewähren, kann man auch deutlich daraus entnehmen, dass bei den Gewächsen der heissen Landstriche, wo kein Frost einwirken kann, dergleichen Schutzmittel der Knospen gar nicht vorkommen.“ „Bei dem Königsfarn (Osmunda regalis) unserer Torfmoore umschliesst die äusserste grösste Knospe die innern kleinern mit einer mantelartigen, häutigen Verbreiterung ihres Stieles, und von diesen kleinen umschliesst wieder die eine die andere, so dass die zarteste Anlage, der Vegetationspunkt der Knospe, ganz in der Mitte steht, durch vielfache Mäntel geschützt.“ Die schwellende Knospe erschliesst sich alsbald und entfaltet buntprangend ihre Kronblätter dem Lichte. „Die Blumenkrone hat die Aufgabe, die innern, zarten Hauptheile der Blüthe, nämlich den Stempel und die Staubgefässe, zu schützen, und dieser Zweck wird auf die manchfaltigste Weise, aber immer mit Sicherheit erreicht. Die sternförmige Blüthe faltet bei drohendem Regen, bei abendlicher Dunkelheit oder während des Morgenthaues ihre Blumenblätter schützend um die Staubgefässe oder Stempel zusammen und kehrt so gleichsam in den Knospenzustand zurück. Andere Blumenkronen stellen die verschiedensten Holzgefässe, als Krüge, Flaschen, Glocken, Becher oder Röhren dar und halten dadurch von den in ihrem Grunde geborgenen Befruchtungstheilen schädliche Einflüsse ab; noch andere überdecken ihre Stempel oder Staubgefässe mit niedlichen Gewölben, Nischen und Dächern aus Blumenblättern, oder sie umschliessen dieselben mit Zäunen manchfach umgeformter Krontheile."

Für den Prozess der Befruchtung endlich giebt es bei der Pflanze ebenfalls höchst zweckmässige Einrichtungen.[1]) Als wesentliche Faktoren wirken in diesem Prozesse mit: erstens der Stempel mit dem Fruchtknoten, worin das Ei, der Anfang des künftigen Samens, erzeugt werden soll, und zweitens das Staubgefäss, welches durch seinen Blumenstaub das am Grunde des Stempelkanals befindliche Ei befruchtet und es dadurch zur Entwickelung fähig macht. Stehen nun in einer Blüthe, wie Dies manchmal der Fall ist, Stempel und Staubgefässe zusammen, so geht die Befruchtung so vor sich, dass die Staubgefässe den in ihrer Mitte befindlichen Stempel umringen und ihm all ihre Staubbeutel zugleich nähern, oder aber einen nach dem andern auf den für die Aufnahme des Blumenstaubes geeigneten obern Theil des Stempels, d. i. auf die Narbe, hinbewegen. In den meisten Fällen wird jedoch eine solche Selbstbefruchtung vermieden, indem die Blüthen derselben Pflanzenart für eine Kreuzung der Befruchtung eingerichtet sind, welche für den Bestand der Arten ungleich vortheilhafter und in einzelnen Fällen sogar unumgänglich nöthig ist. Allerdings ist die letztere Befruchtungsart wegen der örtlichen Trennung der aufeinander zur Befruchtung angewiesenen Blüthen bedeutend erschwert, und desshalb sehen wir auch die verwickeltsten Mittel angewandt, um den Zweck zu erreichen. Verhältnissmässig noch einfach gelingt die gegenseitige Befruchtung bei den sog. „Windblüthen", d. i. bei

[1]) Sogar ein Ed. von Hartmann fühlt sich zu dem Geständniss veranlasst, dass, wie bei den Thieren, so auch bei den Pflanzen diejenigen Einrichtungen, welche der Fortpflanzung dienen, am wunderbarsten sind. Vgl. Hartmann: A. a. O. S. 380.

denjenigen, deren Blüthenstaub auf die Stempel anderer oft weit entfernter Stempelblüthen derselben Art durch die Luft übertragen wird. Andere Pflanzen, wie die Vallisneria und Ambrosinia, befruchten sich durch Vermittelung des Wassers. Ungleich grösser aber ist die Zahl der sogenannten „Insektenblüthen“, d. i. jener Blüthen, welche auf die Befruchtung durch Vermittelung der Insekten angewiesen sind. Letztere bringen nämlich den zur Befruchtung nöthigen Blüthenstaub, welcher sich in den vorher besuchten Blüthen derselben Art unvermerkt ihnen angesetzt hat, in die neue Blüthe mit, um ihn an deren Narbe, worüber sie hinwegkriechen, ebenso unvermerkt abzugeben.

8. Die Funktionen der Pflanze sind also in der That sämmtlich — nach unserer kurzen Ueberschau über einzelne Phasen und Erscheinungen ihres Lebenslaufes dürfen wir es dreist behaupten, ohne den Vorwurf einer falschen Verallgemeinerung zu inkurriren, — von einer sinnigen Zweckmässigkeit beherrscht und durchwaltet. Um diese Zweckmässigkeit nun zu erklären, müssten all Diejenigen, welche auf die vielen Zweckmässigkeiten im Lebenskreise des Thieres ohne Weiteres die Hypothese basiren, dass es gleich dem Menschen das Vermögen der Vernunft besitze, konsequenterweise auch der Pflanze ein solches Vermögen freigebigst zuerkennen; gleiche Erscheinungen fordern ja gleiche Erklärungen. Aber welchem Naturforscher käme es wohl in den Sinn, mit ernstlicher Miene zu behaupten, dass die Pflanze, welche allerdings die vegetativen Kräfte, wie mit dem Thiere, so auch mit dem Menschen gemeinsam hat, an der Vernunft des Letzteren, d. i. an einem seiner intellektiven Vermögen ebenfalls partizipire? Lässt es sich ja sogar mit Evidenz wissenschaftlich nachweisen, dass nicht einmal eine von den sensitiven Kräften, mit welchen das Thier und der Mensch ebenmässig ausgerüstet sind, der Pflanze zukomme; denn alle Pflanzen ohne Ausnahme, die sogenannte Sinnpflanze miteinbegriffen, ermangeln vollständig des Nervensystems, dieses Substrates und Leiters, dieses Vermittlers aller Empfindung und Wahrnehmung. Demgemäss ist es sonnenklar, dass die Pflanzen höchst zweckmässige Thätigkeiten verrichten, ohne die geringste Erkenntniss von

deren Zweckmässigkeit zu besitzen, dass sie nach Zwecken streben, ohne es zu wollen und zu wissen. Ist aber Dies der Fall, so bleibt zur Erklärung des zweckmässigen Wirkens innerhalb ihrer Lebenssphäre platterdings keine andere Ausflucht übrig, als anzunehmen, dass ein angeborener und natürlicher Instinkt die Kräfte der Pflanze bei der Entfaltung ihrer Thätigkeiten stets dirigire. Und so besinnen wir uns denn auch nicht lange, die Hypothese von dem Walten eines Instinktes im Lebenskreise der Pflanze aufzustellen, ja wir zaudern sogar nicht einen Augenblick, diese Hypothese für allein richtig und desshalb für objektive Wahrheit auszugeben. Den Instinkt der Pflanze nennen wir mit genauerem Namen organischen oder vegetativen Instinkt. Nach unserer Hypothese sind also die verschiedenen Kräfte der Pflanze von Natur aus so angelegt und eingerichtet, dass sie sich nur in der Richtung auf das ihnen Nützliche und Zuträgliche hin bethätigen können, von dieser Richtung aber auch nicht abzulenken vermögen, wenn einmal durch Eingreifen einer fremden Ursache die Verhältnisse geändert werden, worauf sie von Natur aus berechnet sind. Und damit steht denn auch in vollstem Einklang die Thatsache, dass Pflanzen, welche aus fremden Klimaten in das unserige versetzt worden, im Allgemeinen fortfahren, zu der Zeit ihre Blätter zu öffnen und zu schliessen, zu welcher sie Dies in ihrer Heimat zu thun gewöhnt waren; dass also manche derselben in unsern Gewächshäusern mitten im Sommer Abends 6 Uhr ihre Blätter schliessen, obgleich dann weder das Licht noch die Wärme merklich verändert ist, und sie während des Winters Morgens zur gewöhnten Zeit öffnen, obgleich noch völlige Finsterniss herrscht.[1])

9. Lässt sich nun aber die überaus grosse Zweckmässigkeit, welche den Funktionen der Pflanze wie ein Siegel aufgedrückt ist, einzig und allein aus einem all ihre Kräfte leitenden Instinkte erklären, und Dies noch auf eine ganz einfache und ungezwungene Weise, ist damit also für einen Fall schon erwiesen, dass zum Auftreten von Zweckmässigkeiten innerhalb

---

[1]) Vgl. Fechner: A. a. O. S. 163 f.

des Wirkungskreises eines organischen Wesens auf seiner Seite durchaus keine Vernunftthätigkeit vonnöthen ist: so darf man die Hypothese, dass auch im Leben des Thieres die vielen Zweckmässigkeiten keineswegs auf die Leitung einer ihm zueignenden Vernunft, sondern auf das Walten eines seine Kräfte beherrschenden natürlichen Instinktes zurückzuführen seien, mit allem Fug und Recht ohne Weiteres schon für wahrscheinlich ausgeben; man darf es um so mehr, als die zweckgemässen Thätigkeiten des Thieres, die Vielheit und Manchfaltigkeit seiner Organe gegenüber der viel geringern Ausstattung der Pflanze in Anschlag gebracht, verhältnissmässig auf keiner höhern Stufe der Vollkommenheit stehen, als die der Pflanze. Weit mehr aber gewinnt diese unsere Hypothese an äusserer Wahrscheinlichkeit, sie steigt sozusagen auf der Skala der Wahrscheinlichkeiten bis zum letzten Grade hinauf, wenn wir den Beweis erbringen, dass es auch im Gebiete des menschlichen Lebens Zweckmässigkeiten giebt, an deren Existenz die Vernunft des Menschen durchaus keinen Antheil hat, welche darum nur auf die Rechnung eines seine Kräfte leitenden Instinktes gesetzt werden dürfen. Zweckgemässe Thätigkeiten nun, welche die Menschen verrichten, ohne um den Grund ihrer Zweckmässigkeit sich zu kümmern oder Etwas davon zu wissen, welche wenigstens die meisten Menschen lange Zeit hindurch verrichtet haben, ohne dass Jemand auf sie selbst, geschweige denn auf deren Zweckmässigkeit reflektirt hätte, so dass dieselben also auch nicht durch eine vorausgehende Erkenntniss der Vernunft bedingt sind, giebt es eine grosse und bunte Reihe. Einige derselben haben wir bei einer früheren Gelegenheit[1]) schon kurz namhaft gemacht. Ihnen wollen wir jetzt noch zwei anfügen, ihre Zweckmässigkeit aber auch gründlich erheben und für Alle sichtbar auf den Plan stellen; es sind das oftmalige Schliessen der Augenlider im Wachzustande und das Offenhalten des Mundes beim aufmerksamen Lauschen und Horchen, — zwei Thätigkeiten, welche in dem tagtäglichen Leben der Menschen vom Anfang bis zum Ende desselben sich unzählige Mal wiederholen

---

[1]) S. 46 f.

und desshalb, wie auch ob ihres schlichten Aussehens, kaum beachtet werden.

10. Was die erstgenannte Thätigkeit betrifft, das oftmalige Schliessen der Augenlider im Wachzustande, so hat es zunächst einige sozusagen auf der Oberfläche schwimmende und darum auch fast aller Welt bekannte Zwecke. Es soll nämlich dadurch einerseits der Augapfel auf seiner freien Vorderfläche reingehalten, es sollen dadurch insbesondere die Dinge an der Aussenwölbung der Hornhaut abgestreift werden, welche sich etwa an dieselbe angesetzt haben und deren Durchsichtigkeit stören. Anderseits soll dadurch der Augapfel vor Dingen wirksam geschützt werden, welche von Aussen herandringen und ihn zu verletzen drohen. Letzterem Zwecke dienen auch die Wimperhaare, indem sie, von heranschwirrenden Gegenständen an ihren freien Enden auch nur auf das Leiseste berührt, sofort mit Blitzesschnelle den Lidern die Gefahr fürs Auge melden und deren Schliessen veranlassen, so dass meistentheils die Augenlider schon geschlossen sind, wenn der Gegenstand auf das Auge selbst auftreffen will. Neben diesen beiden, im Allgemeinen nur sporadisch obwaltenden Zwecken hat das oftmalige Schliessen der Augenlider es auch noch auf andere Zwecke abgesehen, welche sich mit einer Art von Regelmässigkeit und Periodizität geltend machen, trotzdem aber für die meisten Menschen in das Dunkel der Verborgenheit gehüllt sind. Es sind deren ebenfalls zwei. Bevor wir sie jedoch zu Tage fördern, bedarf es einer Aufzählung und Beschreibung der zu ihrer Erreichung mitwirkenden Faktoren.

Die Augenlider sind an ihren freien Rändern mit einer doppelten Kante versehen, nach Aussen mit einer scharfen, nach Innen mit einer etwas abgerundeten Kante. Letztere enthält in ihrer ganzen Länge feine Oeffnungen, am obern Lide 30—40, am untern 25—35, durch welche die sogenannten Meibom'schen Drüsen aus dem Innern der Lider heraus eine von ihnen abgesonderte talgartige Substanz hervortreiben und damit die Lidränder einschmieren. Jedes Lid lässt an seiner hintern Kante auf dem hervorspringenden Hügel, welcher nach dem innern Augenwinkel zu gelegen ist, eine kleine, mit wulstigem Rande umgebene Oeffnung erkennen, den sogenannten Thränenpunkt. Es ist Dies der Eingang zu einem engen Kanale, Thränenröhrchen genannt, welcher in den Thränensack ausläuft, und dieser hinwiederum geht nach abwärts und seitwärts in den Thränennasenkanal über, um im Innern der Nase, etwa 9 Linien oberhalb des äussern Nasenlochs zu münden. Die Thränen quellen aus je zweien im obern Aussentheile der Augenhöhle befindlichen Drüsen hervor und werden mittels kleiner Kanäle an der Innenseite der Lider ober- und unterhalb der äussern Augenwinkel über den Augapfel ausgegossen. Da beim Schliessen der Augenlider sich ihre Ränder mit den hintern stumpfen Kanten nicht vollständig berühren, so bleibt zwischen diesen Kanten und dem Augapfel, so lange die Lider geschlossen sind, ein kleiner dreieckiger Raum übrig, welcher Thränenbach genannt wird; denn in ihm gleiten wie in einem Rinnsaal die Thränen vom äussern zum innern Augenwinkel, wenn die Lider geschlossen sind. Der innere Augenwinkel endlich, welcher im Gegensatze zu dem äussern spitzig auslaufenden Augenwinkel etwas ausgeschweift erscheint, heisst Thränensee, und zwar desshalb, weil dort die zum Anfeuchten des Augapfels nicht verbrauchten Thränen, wie die abwärts fliessenden Wasser eines Baches in einem See, sich sammeln.

Nach diesen Vorbemerkungen ist es möglich, die angedeuteten weiteren Zwecke, worauf das oftmalige Schliessen der Augenlider im Wachzustande hinarbeitet, anzugeben und dabei auch zugleich die Art und Weise zu beschreiben, wie dieselben erreicht werden. Von den beiden neuen Zwecken besteht der eine in der Erhaltung des Augenglanzes und der wässerigen Feuchtigkeit innerhalb der vordern und hintern Augenkammer, d. i. der beiden Räume, welche zwischen der Horn- und Regenbogenhaut bezw. zwischen dieser und der Sehlinse sich befinden. Sobald nämlich der Augapfel an seiner freigelegenen Wölbungsfläche unter dem Einflusse der atmosphärischen Luft trocken zu werden anfängt, verliert er allmälig seinen Glanz, die ihm eigenthümliche Schönheit; aber nicht bloss Dies, zugleich beginnt auch die leicht verdunstende wässerige Feuchtigkeit der beiden Augenkammern durch die Hornhaut hindurch zu entweichen, und fällt in Folge dessen die vordere Wölbung des Augapfels nach und nach ein. Die deutlichste Illustration zu dem Gesagten liefert das Auge des Sterbenden. Da er über die Schliessmuskeln seiner Augenlider keine Gewalt mehr besitzt, so bleibt das Auge weit geöffnet, es wird allmälig matt und fahl, und endlich kollabirt es; es bricht, wie man zu sagen pflegt, d. h. es bricht in sich zusammen. Um nun Beidem während des Lebens mit Einem Schlage vorzubeugen, muss die vordere Wölbung des Augapfels stets feucht erhalten werden, und dazu dient eben der Augenlidschlag. Bei ihrem Auf- und Niedergehen versehen die Lider mit ihrer hintern Kante den Dienst eines ausgebreiteten Wischers oder Anfeuchtungslappens. Zu dem Ende müssen sie freilich stets mit genügender Feuchtigkeit versorgt werden. Dies bewerkstelligen sie aber selbst dadurch, dass sie sich schliessen. Hiebei werden nämlich die in der Nähe der äussern Augenwinkel zufolge der Bewegung der Augenlider aus dem Leitungskanälchen austretenden Thränen über die ganze hintere Kante der Lider verbreitet, und zwar mit Hülfe des Thränenbaches; denn derselbe bildet sich in seiner ganzen Länge nicht auf ein Mal, sondern nur successiv von Aussen nach Innen, gleichwie auch für die Lidränder beim Akte des Schliessens der vollständige Kontakt nicht augenblicklich, sondern nur allmälig, wiewohl sehr schnell, von Aussen nach Innen erfolgt. Die Schnelligkeit, womit das Thränenwasser im Bette des Thränenbaches dahingleitet, wird noch erhöht durch die ölige Glattigkeit der hintern Lidkante. Auf diese Weise also mit den hintern Kanten ihrer Ränder in das Wasser des Thränenbaches oftmals eingetaucht, sind die Augenlider im Stande, bei ihrem regelmässigen Auf- und Niedergang den Aussentheil der vordern Augenwölbung stets anzufeuchten und dadurch dem Auge seinen Glanz sowie den beiden Augenkammern ihre wässerige Feuchtigkeit zu erhalten.

Wenden wir uns nunmehr zu dem zweiten der zuletzt gemeinten Zwecke, welche durch das öftere Schliessen der Augenlider erreicht werden. Derselbe ist gelegen in der Ableitung des für die Anfeuchtung des Augapfels nicht verwertheten Thränenwassers in die Nase, um deren Schleimhaut geruchfähig erhalten zu helfen. Da nämlich die Thränendrüsen im Allgemeinen viel mehr Wasser absondern und an die vordere Wölbung des Augapfels abgeben, als bei der Anfeuchtung derselben durch den Augenlidschlag verbraucht wird, so rinnt eine grosse Menge der Flüssigkeit beim Schliessen der Lider über das Bett des Thränenbaches hinweg in den Thränensee. Aus diesem wird dann das dort sich ansammelnde Wasser durch die Thränenpunkte, welche mit jedem Augenlidschlag gegen das Nasenbein hin gezogen und gleichzeitig in den Thränensee eingetaucht werden, allmälig aufgesogen, um zunächst durch die Thränenröhrchen hindurch in den Thränensack und endlich aus ihm durch den Thränennasenkanal hindurch an die Schleimhaut der untern Nasenmuschel zu gelangen. Ist der Thränennasenkanal verstopft oder geschlossen, wie Dies z. B. beim Schnupfen vorkommt, oder strömt das Thränenwasser dem Thränensee im Uebermasse zu, und Das ist z. B. beim Weinen der Fall, so tritt der Thränensee über seine Ufer und lässt einzelne Tropfen oder gar kleine Sturzbäche die Wangen herablaufen. Dass aber unter gewöhnlichen und normalen Verhältnissen der Thränenabsonderung das Wasser des Thränensees auf dem vorhin beschriebenen Wege seinen Lauf zur Nase hin nimmt, beweist aufs Klarste die Thatsache, dass beim Weinen nicht bloss aus dem Thränensee viele und dicke Tropfen über die Wangen herabrollen, sondern auch die Nase mehr oder weniger stark, wie man sagt, tröpfelt und rinnt.

11. Niemand wird es wohl bestreiten, dass die beiden letztgenannten Zwecke, welche mit dem oftmaligen Schliessen der Augenlider so innig verbunden sind, obgleich sie von allen Menschen ohne Ausnahme stets auf die nämliche Weise angestrebt und erreicht werden, dennoch den meisten von ihnen vollständig unbekannt sind und bleiben. Daraus allein schon folgt mit Sonnenklarheit und Gewissheit, dass dieselben jedenfalls nicht der Ueberlegung und freien Wahl der Menschen entstammen, nicht auf menschlichen Verstand und Willen als auf ihre im Geheimen springende Quelle zurückweisen. Mit um so vollerer Gewissheit aber darf man diesen Schluss ziehen, als auch den Wenigen, welche von dem Dasein und Einfluss jener

höchst sinnreichen Zwecke Kenntniss erlangt haben, die Möglichkeit benommen ist, an der Art und Weise, wie das Schliessen der Augenlider erfolgt, oder an den weiteren Thätigkeiten, welche diesen Vorgang begleiten, mit der blossen Energie ihres Willens auch nur das Geringste zu ändern. Kein Mensch ist z. B. im Stande, mit einem Akte seines Willens die Augenlider in der Weise zu schliessen, dass der Kontakt ihrer Ränder etwa an allen Stellen zugleich oder von Innen nach Aussen stattfindet, keiner vermag es kraft eines blossen Willensaktes, dass beim Schliessen der Augenlider die Thränenpunkte in den Thränensee nicht eintauchen und die Flüssigkeit alldort nicht aufsaugen. Aber auch von den beiden an erster Stelle aufgeführten Zwecken, welche durch das öftere Schliessen der Augenlider erreicht werden sollen, kann man in Wahrheit behaupten, dass sie einer vorausgehenden Erkenntniss der menschlichen Vernunft ihren Ursprung nicht verdanken. Ein vollgültiger Beweis dafür ist für sich allein schon die Thatsache, dass die Menschen weitaus in den meisten Fällen ganz unbewusst und unwillkürlich die Augenlider schliessen, und dass sie diese Thätigkeit auf dieselbe Weise auch bereits damals vollzogen, als sie noch nicht im Stande waren, mittels ihrer Vernunft auf deren Zweckmässigkeit zu reflektiren, geschweige denn die Zwecke selbst zu ersinnen, wir meinen: zur Zeit der frühesten Kindheit.

12. Die zweite in ganz schlichtem Gewande sich präsentirende Thätigkeit des Menschen sodann, deren Bedeutung und Zweckmässigkeit wir vor Aller Augen auseinander breiten wollten, ist das Offenhalten des Mundes beim aufmerksamen Lauschen und Horchen, worauf schon Virgil in seiner Aeneis mit den Worten hindeutete: „Conticuere omnes intentique ora tenebant." Um den Grund und Zweck dieser Thätigkeit anzugeben, lehren Einige, sie werde desshalb verrichtet, damit zunächst die auf irgend eine Weise erzeugten Luftschwingungen durch die im Rachen mündende Eustachische Röhre oder Trompete (tuba Eustachii) hindurch direkt in die sogenannte Paukenhöhle des Gehörorgans gelangen und sich auf die dort befindliche Luft übertragen könnten, damit sodann in Folge dessen die Membrane, welche das runde Fenster des Labyrinths ver-

schliesst, sowie das Wasser des Labyrinths sammt den sich darin ausbreitenden Faserenden der Gehörnerven in eine viel lebhaftere Vibration gerathen, als Dies möglich sei, wenn die betreffenden Luftschwingungen, dem Laufe des äussern Gehörgangs folgend, bloss auf das Trommelfell und die drei mit ihm in Verbindung stehenden Gehörknöchelchen (Hammer, Ambos, Steigbügel) erschütternd einwirken, so dass also das Labyrinthwasser sammt den darin schwimmenden Enden der Gehörnerven auch nur durch den Steigbügel, welcher auf dem ovalen Fenster des Labyrinths steht, in zitternde Bewegung versetzt werde. Die stärkere Erregung des Gehörnerven bewirke aber selbstverständlich auch ein besseres, deutlicheres Hören. Es erheben sich indessen gegen diese Erklärung wichtige und triftige Bedenken, denen sie nicht Stand zu halten vermag. Erstens begreift man schon nicht, warum der Mund offen stehen müsse, auf dass die erregten Luftschwingungen in die Eustachische Röhre gelangen, da sie mit derselben Stärke und ebenso leicht bei geschlossenem Munde auch durch die Nase ihren Weg dorthin finden können. Zweitens ist die Eustachische Röhre nach der Angabe vieler Autoren an der Stelle, wo der knorpelige Theil der Röhre in den knöchernen übergeht, mit einer Klappe versehen, welche für gewöhnlich geschlossen ist und sich dann nicht zu öffnen pflegt, wenn Jemand beim aufmerksamen Zuhören den Mund aufsperrt; die Eustachische Röhre kann also auch nicht die Schwingungen der Luft direkt in die Paukenhöhle leiten. Endlich hört man das Picken einer Taschenuhr, welche in den Mund so hineingeführt wird, dass sie weder die Zunge, noch den Gaumen, noch die Zähne berührt, um so weniger, je mehr sich die Uhr dem Rachen und damit zugleich der Stelle nähert, wo die Eustachische Röhre einmündet; letztere kann demnach unmöglich für einen Leitungsweg der Luftschwingungen ausgegeben werden.[1])

Die Eustachische Röhre hat ganz andere Zwecke. „Erstens ist sie der natürliche Ausleerungsweg für den im Cavum tympani (Pauken- oder Trommelhöhle) abgesonderten Schleim, dessen

[1]) Vgl. R. Wagner: Lehrbuch der speziellen Physiologie. Leipzig. 1854. S. 678.

Stelle dann atmosphärische Luft einnimmt. Ihre Obstruktion wird desshalb Ueberfüllung der Paukenhöhle mit Schleim oder purulenter Flüssigkeit nach sich ziehen und die Gehörfunktion beeinträchtigen, da der Schleim schlechter leitet, als die Luft, und zugleich die Schwingungen der Gehörknöchelchen hindert. Zweitens erhält sie die Luft in der Trommelhöhle in derselben Verdichtung und unter demselben Drucke, wie die äussere,[1]) wodurch die Oscillationen des Trommelfelles regelmässig von Statten gehen können. Drittens wirkt sie analog den schnörkelförmigen Einschnitten im Dache der Saiteninstrumente und erlaubt die Resonanz der in der Paukenhöhle befindlichen Atmosphäre."[2]) Darum sehen denn auch die Meisten von den Funktionen der Eustachischen Röhre gänzlich ab, wenn sie sich anschicken, das Offenhalten des Mundes bei aufmerksamem Zuhören zu erklären. Ihre Erklärung ist aber folgende. Die Deutlichkeit und Genauigkeit des Hörens, so sagen sie, hängt zum grossen Theil von der Stärke der Vibration ab, in welche das Trommelfell und in Folge dessen dann auch die mit ihm durch die drei Gehörknöchelchen in Korrespondenz stehende Membrane des ovalen Fensters am Labyrinthe durch die schwingende Luft versetzt werden. Das Trommelfell geräth aber unter sonst gleichen Umständen in eine viel lebhaftere Bewegung, wenn die vor ihm schwingende, innerhalb des äussern Gehörgangs befindliche Luftsäule an Ausdehnung in die Breite zunimmt. Und diese Zunahme wird einfach dadurch erzielt, dass man den Gelenkkopf des Unterkiefers nach unten zieht; denn damit rückt zugleich die untere Partie des knorpeligen Gehörgangs, welcher mit jenem Gelenkkopf in Kom-

[1]) Dieser Zweck wird namentlich während des Schlingens erreicht, wie man leicht beobachten kann. Führt man nämlich bei zugehaltener Nase und geschlossenem Munde eine Schlingbewegung aus, so ist die unmittelbare Folge davon eine Verdünnung der Luft in der Paukenhöhle und das Einwärtskehren des Trommelfells; man empfindet Druck, Völle und Sausen im Ohr. Macht man dann bei offener Nase eine zweite Schlingbewegung, so kommt ein Ausgleich der verdünnten Luft in der Paukenhöhle mit der äussern Luft zu Stande und jene unangenehmen Empfindungen hören sofort auf.

[2]) J. Hyrtl: Handbuch der topographischen Anatomie. Wien. 1860. S. 254 f.

munikation steht, von selbst nach unten, und vermag in Folge dessen der äussere Gehörgang eine Luftsäule von grösserem Durchmesser aufzunehmen. Dass aber durch eine derartige Manipulation der äussere Gehörgang auch wirklich erweitert wird, davon kann sich Jeder durch ein sehr leichtes Experiment überzeugen. Hält man nämlich den Finger so tief als möglich in den äussern Gehörgang, so wird man deutlich merken, wie der Gehörgang mit jedem Heben des Unterkiefers sich verengt und mit jedem Senken desselben sich wieder erweitert. Da nun das Oeffnen des Mundes gerade durch das Niederlassen des Unterkiefers bedingt ist und beim Senken des Unterkiefers zugleich dessen Gelenkkopf etwas nach vorne und nach unten rückt, so sieht man leicht ein, wesshalb die Menschen, zumal die harthörigen, beim aufmerksamen Lauschen und Horchen gewöhnlich den Mund offen halten.[1]) Es unterliegt heutzutage wohl keinem Zweifel mehr, dass diese zweite Erklärung der angeführten Thätigkeit die einzig richtige, weil allein wissenschaftlich haltbare ist.

13. Die Thatsache nun aber, dass der tiefere Grund jener Thätigkeit im Kreise der Gelehrten zum Gegenstande einer Kontroverse werden konnte, mehr noch die Thatsache, dass all Diejenigen, welche um den tiefern und wahren Grund wissen, meistentheils, wenn nicht ausnahmslos, den Mund beim aufmerksamen Hören öffnen und offen halten, ohne dabei auch nur im Mindesten an die Zweckmässigkeit dieses Aktes zu denken, weiterhin die Thatsache, dass Jahrhunderte, vielleicht Jahrtausende kamen und gingen, ehe es Jemanden einfiel, das Offenhalten des Mundes mit dem bessern Hören in einen Kausalnexus zu bringen und über diesen zu reflektiren, und endlich die Thatsache, dass auch heutzutage noch weitaus die meisten Menschen sogar dieser Thätigkeit selbst sich nicht einmal bewusst sind, dieselbe wenigstens noch gar nicht beachtet haben, geschweige denn dass sie darüber nachgedacht oder gar noch den Grund davon aufgespürt hätten, — dies Alles beweist schon mehr als zur Genüge, dass die Zweckmässigkeit jener Thätigkeit nicht in

---

[1]) Vgl. Hyrtl: A. a. O. S. 246.

den Rahmen derjenigen Zweckmässigkeiten gehört, welche in dem fruchtbaren Boden der menschlichen Vernunft heimlich ihre Wurzel treiben und unter dem Einflusse ihrer Produktivkraft als sichtbare und greifbare Gestalten ans Tageslicht treten. Am meisten und vor Allem aber zeugt hiefür die eklatante Thatsache, dass der Mensch mit dem ganzen Aufgebot seiner Vernunft und Willenskraft nicht im Stande ist, an dem ursächlichen Zusammenhang zwischen dem Offenhalten des Mundes und dem deutlicheren Hören irgend Etwas zu ändern. Wohl steht es in der Macht des Menschen, die Thätigkeit des Mundöffnens und -offenhaltens, während er aufmerksam horchen und lauschen will, nach Belieben zu inhibiren, aber den Mund zu öffnen und dabei trotzdem das deutlichere Hören unter sonst gleichen Umständen zu verhindern, das liegt vollständig ausserhalb seiner Machtsphäre. Hieraus ergiebt sich mit Evidenz, dass jenes Verhältniss von Ursache und Wirkung, wie es zwischen dem Offenhalten des Mundes und dem deutlicheren Hören obwaltet, auf eine vorausgehende Ueberlegung und Anordnung des Menschen schlechterdings nicht zurückgeführt werden darf.

14. Ausser den beiden erörterten Thätigkeiten giebt es in der Sphäre des menschlichen Lebens, wie bereits mehrere Mal bemerkt worden, noch eine grosse und bunte Reihe von Thätigkeiten, deren Zweckmässigkeit ebenfalls kein Werk menschlicher Ueberlegung und Berechnung ist. Und derartige Thätigkeiten des Menschen spielen nicht bloss auf dem Gebiete seiner sensitiven oder animalischen, sondern auch auf dem seiner vegetativen oder pflanzlichen Funktionen, ja selbst im Bereiche seiner intellektuellen Operationen, d. i. in seiner höchst eigenen Domäne, so dass man, an Letztere denkend, fast im Sinne eines Sprüchworts zu sagen pflegt: „Was kein Verstand der Verständigen sieht, das übet in Einfalt ein kindlich Gemüth.“ Doch hier ist nicht der Ort, alle dergleichen Thätigkeiten des Menschen einzeln nach einander vorbeidefiliren zu lassen. Im vorliegenden Falle handelt es sich ja bloss darum, im Allgemeinen den Nachweis zu erbringen, dass auch im Thun und Wirken des Menschen Zweckmässigkeiten zum Vorschein kommen, an deren Existenz seine Vernunft durchaus nicht betheiligt ist, und zu dem Ende genügte

schon eine von den beiden vorhin in ihrer sinnigen Zweckmässigkeit beleuchteten Thätigkeiten für sich allein. Nachdem nun die Thatsache selbst festgestellt ist, erhebt sich die Frage in ihrer ganzen Grösse, wie man die Thatsache zu erklären habe. Und da mag man sich denn winden, mag man sich drehen; um sie wissenschaftlich zu erklären, öffnet sich zum zweiten Male kein anderer Ausweg, als in der Annahme, dass überall dort, wo eine unbewusste und unbeabsichtigte Zweckmässigkeit aus den Operationen des Menschen hervorschimmert, ein angeborener und natürlicher Instinkt seinen Einfluss geltend gemacht hat, dass mit andern Worten die Vermögen, aus welchen die betreffenden Operationen als aus ihren nächsten Prinzipien hervorquellen, von Hause aus und ihrem Wesen nach so eingerichtet sind, dass sie unter bestimmten Verhältnissen ohne Weiteres und von selbst in einer auf das Zweckdienliche hin schauenden Richtung sich bethätigen, sich also ganz ähnlich verhalten, wie etwa eine Billardkugel, welche unter sonst günstigen Umständen jedes Mal die Bewegung annimmt, welche ein guter Spieler durch den Stoss in sie hineinträgt, und dadurch richtig zum Ziele gelangt. Wer vor dieser Annahme aus was immer für Motiven zurückscheut, dem bleibt die in Frage stehende Thatsache nicht etwa ein ungelöstes und unlösbares Räthsel, für den ist sie ein Ding der Unmöglichkeit, so dass er konsequentermassen in ihrer Existenz sie läugnen müsste. Giebt es aber sogar im Lebenskreise des Menschen, der unzweifelhaft mit dem Vermögen der Vernunft ausgerüstet ist, eine ganz ansehnliche Reihe von Zweckmässigkeiten, welche trotzdem ihre Wurzeln nur in einem ihm angeborenen Instinkte treiben, so sieht man wahrlich nicht ein, mit welchem Rechte bei dem Thiere aus dessen zweckgemässem Wirken sofort schon auf ein ihm zueignendes Vermögen der Vernunft geschlossen werden dürfe. Der gesunde Sinn und die natürliche Logik forderten viel eher das Gegentheil, so dass man also ohne weiteres Bedenken die zweckmässigen Thätigkeiten des Thieres sammt und sonders auf die Rechnung eines in ihm waltenden Instinktes zu schreiben hätte, so lange wenigstens, bis von irgend welch anderer Seite der Beweis aufgebracht worden, dass das Thier ähnlich dem Menschen eine Vernunft resp. einen Verstand besitze. Und wir würden auch in der That schon jetzt mit aller Zuversicht zu der Behauptung übergehen, dass alle Zweckmässigkeiten im Kreislauf des thierischen Lebens in nichts Anderm, als in einem dem Thiere angeborenen Instinkte ihren Ursprung haben, wenn nicht noch ein gewichtiges Hinderniss im Wege läge. Dies wollen wir daher erst beseitigen.

15. Vergleicht man die sensitiven Thätigkeiten des Thieres mit jenen Funktionen, welche der Pflanze als solcher eignen, so gewahrt man alsbald zwischen Beiden eine wesentliche Verschiedenheit. Die Lebensfunktionen der Pflanze bewegen sich ausnahmslos auf demselben Niveau, worauf auch die Thätigkeiten der leblosen Naturwesen verlaufen, insofern sie nämlich weder eine Erkenntniss liefern, noch eine solche, um selbst in die Wirklichkeit einzutreten, vonnöthen haben. Die Kräfte der Ernährung, des Wachsthums und der Fortpflanzung fördern durch ihre Bethätigung keine Erkenntniss zu Tage, und sie unterstellen auch keine solche, um in Aktion übergehen zu können. Ganz anders die sensitiven oder animalischen Thätigkeiten des Thieres. Sie zerfallen gerade in solche, welche einen sinnlichen Erkenntnissakt darstellen, und in solche, welche auf einem sinnlichen Erkennen basiren. Zu ersteren gehören die Thätigkeiten der Sinneswahrnehmung, der Phantasie, des Gedächtnisses und der Erinnerung, und zu letzteren die Thätigkeiten des sinnlichen Begehrens und der örtlichen Bewegung; ausser ihnen giebt es keine andere Art mehr von animalischen Thätigkeiten. Da nun das Thier in all seinem Begehren und in all seinen Bewegungen stets von einer sinnlichen Erkenntniss abhängt und determinirt wird, insofern es nämlich nur Dasjenige erstrebt, was es zuvor erkennt, Dies aber bei der Pflanze von keiner einzigen ihrer Funktionen ausgesagt werden kann, so gewinnt es schier den Anschein, als ob man freilich die Zweckmässigkeiten innerhalb des Pflanzenlebens ganz wohl auf die blinde Leitung eines dort herrschenden Instinktes zurückführen dürfe, keineswegs aber die Zweckmässigkeiten im Kreise des Thierlebens, wenigstens nicht alle, weil sonst am Ende nicht zu begreifen wäre, wozu dem Thiere seine sinnlichen Erkenntnissvermögen denn überhaupt

dienten. Scheint es nicht wirklich, so könnte man fragen, als ob das Thier ebendesswegen gerade die Vermögen der sinnlichen Erkenntniss besitze, damit es vermittels derselben die verschiedenen Objekte seines Strebens und Begehrens erfasse, sie in Bezug auf den Nutzen oder Schaden, den sie ihm einbringen könnten, gegeneinander abwäge und dann endlich dem Begehrungsvermögen jedes Mal das bessere Gute als Ziel des Strebens vorhalte? Und wenn Dies, so bedarf das Thier wahrlich keines Instinktes, auf dass es zweckmässig thätig sei, es bedarf desselben wenigstens nicht immer, weil es sich ja wie der Mensch geriren kann, wenn er überlegt und berechnet. Hiemit haben wir den Knoten der vorhin gemeinten Schwierigkeit geschürzt. Es fragt sich nunmehr, wie er zu lösen sei.

16. Um der Schwierigkeit sogleich und wie mit einzigem Ruck die Spitze abzubrechen, so dass sie ähnlich den sogenannten Glasthränen, denen man die Spitze abbricht, in Staub und Sand zerbröckelt, sei einfach darauf aufmerksam gemacht, dass zwischen dem Erkennen und Unterscheiden von Sachen, welche begehrenswerth sind, welche als Zweck dienen, und dem Erkennen des Grundes und der Beziehung, wesshalb und inwiefern sie als etwas Begehrenswerthes sich darstellen, ein grosser Unterschied obwaltet.[1]) Auf dass ein Erkennen der ersteren Art stattfinde, ist nur Dies erforderlich, dass die angestrebten Sachen bloss an sich und einfach so, wie sie in die Erscheinung treten, wahrgenommen werden, keineswegs ist es aber nöthig, dass zugleich auch der innere Grund, wesshalb die Sachen für dies oder jenes sie anstrebende Subjekt begehrenswerth sind, dass mit andern Worten die Beziehung ihrer Nützlichkeit und Zuträglichkeit für dasselbe miterfasst werde. Das Erkennen der zweiten Art dagegen umspannt beide Momente zugleich, so dass also in ihm nicht bloss das materiale Objekt des Strebens, sondern auch der

---

[1]) Auch Kant macht hierauf aufmerksam, wenn er schreibt: „Es ist ganz was anders, Dinge von einander zu unterscheiden, und den Unterschied erkennen. Das Letztere ist nur durch Urtheilen möglich und kann von keinem unvernünftigen Thiere geschehen." Siehe Immanuel Kant: Sämmtliche Werke. Herausgegeben von Rosenkranz. Leipzig. 1838. 1. Th. Seite 72.

formale Grund seiner Begehrenswerthigkeit (ratio appetibilitatis) aufgefasst und gewusst wird. Sämmtliche Erkenntnissvermögen nun, welche dem Thiere eignen, dienen ihm dazu, die Dinge, worauf sein Streben und Begehren als auf seinen Zweck hingeordnet werden soll, einfach so, wie sie sich an und für sich genommen präsentiren, zu erfassen und zu unterscheiden; in dieser Funktion gipfelt lediglich ihre ganze Aufgabe. Doch erklären wir uns näher.

Sämmtliche Naturwesen, welche der Erkenntnissvermögen gänzlich entrathen, die anorganischen Dinge also und die Pflanzen, bethätigen sich an den ihnen eigenthümlichen Objekten, unterstellt freilich, dass auch die übrigen Bedingungen ihres Wirkens gegeben sind, immer erst dann, wenn durch eine ihnen fremde Ursache, d. i. durch den Einfluss der Natur oder des Menschen, jene Objekte in die ihrem Vermögen entsprechende Schussweite, um so zu sagen, gebracht worden, so nahe also, als es die Tragkraft des einen und andern Vermögens erheischt. Ist aber die Entfernung eines Objektes zu gross, so mag es sonst auch noch so geeigenschaftet sein, dass ein erkenntnissloses Wesen nach ihm strebe und an ihm sich bethätige, die übrigen Bedingungen eines Einwirkens auf dasselbe mögen auch noch so günstig zutreffen, das betreffende Wesen verharrt dann in vollständigster Unthätigkeit ganz geradeso, als ob das vorliegende Objekt überhaupt gar nicht existirte. So zieht der Magnet nur diejenigen Eisenfeilspähne an, welche in die seiner Anziehungskraft entsprechende Entfernung vor ihn gelangen, alle übrigen nicht. Was nun bei den erkenntnisslosen Naturwesen eine von ihnen verschiedene Ursache besorgt, indem diese ihnen die Objekte ihres Wirkens und Strebens in den Kreis ihrer Machtsphäre rückt, eben das Nämliche übernehmen und leisten dem Thiere seine eigenen Erkenntnissvermögen. Dadurch nämlich, dass die Erkenntnissvermögen die Gegenstände der Sinnenwelt ihrer Aehnlichkeit, ihrem Bilde nach im Akte der Erkenntniss in sich aufnehmen und festhalten, stellen sie dieselben zugleich auch vor dem mit ihnen kommunizirenden Begehrungsvermögen als Ziel auf, rücken sie so in dessen unmittelbare Nähe, so dass die Thätigkeit desselben zufolge des ihm anhaftenden Triebes sich an ihnen sofort und von selbst entfaltet, sei es in zentripetaler, sei es in zentrifugaler Richtung. Solange aber ein Gegenstand, wonach die Thiere sonst zu streben oder den sie sonst zu fliehen pflegen, gar nicht wahrgenommen wird, ist er absolut nicht im Stande, die Gier oder Scheu im Begehrungsvermögen des Thieres zu wecken, befände er sich auch in unmittelbarster örtlicher Nähe des Thieres; er existirt dann für das Thier und sein Begehrungsvermögen ebenso wenig, wie diejenigen Dinge, welche um Fixsternenweite von ihm entfernt sind.

17. Nachdem dies Hinderniss beseitigt ist, liegt vor uns, so glauben wir, freie Bahn, um endlich leichten Fusses und guten Muthes zu dem Höhepunkt unserer Untersuchung hinanzusteigen und dort denn unsere Hypothese als leitendes Signal und Feldzeichen aufzupflanzen. Wohlan denn die Höhe hinauf. Zwei Hypothesen, welche die höchst zweckmässigen Thätigkeiten im Lebenskreise der Thiere wissenschaftlich erklären sollen, haben wir kennen gelernt: in erster Linie die Hypothese, dass die Thiere, gleich den Menschen, Verstand bezw. Vernunft besitzen und daher ganz wohl in der Lage seien, ihre Lebensweise plan- und zweckmässig zu ordnen, wenn auch nicht gerade in dem nämlichen Masse und Umfange, wie es dem Menschen verstattet ist; an zweiter Stelle die Hypothese, dass die Thiere keinen Verstand resp. keine Vernunft besitzen und desshalb, gleich den Pflanzen, bei all ihrem Thun und Lassen, wie sinnreich und zweckgemäss dies auch erscheinen möge, von einem ihnen angeborenen und blind wirkenden Instinkte, dem sogenannten animalischen Instinkte geleitet werden. Ausser diesen beiden Hypothesen ist aber auch keine andere mehr ausfindig zu machen; mit ihnen ist die Möglichkeit, die zweckgemässen Thätigkeiten der Thiere wissenschaftlich zu erklären, offenbar gänzlich erschöpft. Inter duo contradictoria non est medium. Da wir nun des Weiten und Breiten nachgewiesen haben, dass die erstgenannte Hypothese nach den verschiedensten Richtungen hin mit unanfechtbaren Thatsachen schnurstracks im Widerspruche steht und somit das Kainszeichen der Verwerflichkeit an der Stirne trägt, so ist jeder exakte Naturforscher, der sich überhaupt nach einer hier einschlagenden Erklärung

umsieht, unwiderstehlich genöthigt, mit uns die an zweiter Stelle aufgeführte Hypothese als die allein sachlich zutreffende, als die einzig berechtigte zu adoptiren und festzuhalten. Er kann wirklich nicht mehr, wie er will, das Gesetz der Alternative, wovor er gestellt ist, zwingt ihn, der zweiten Hypothese sich anzuschliessen, gleichviel, was für Konsequenzen ihm daraus erwachsen. So stiegen ja auch die Anhänger der Emanationstheorie des Lichtes zu den Vertheidigern der Undulationstheorie, die Freunde des ptolemäischen zu den Vertretern des kopernikanischen Weltsystems, die Phlogistonianer zu den Antiphlogistonianern als neue Gefährten ins Schiff ein, nachdem sie ihre eigene, der ihrer bisherigen Gegner als zweites Glied einer Alternative entgegenstehende Hypothese an den Felsen der Thatsachen hatten zerschellen sehen.

18. Nunmehr tritt aber die ernste Pflicht an uns heran, wenigstens in allgemeinen Zügen die Art und Weise zu schildern, wie durch das stille und blinde Walten ihres angeborenen Instinktes die Thiere dahin gebracht werden, dass sie sich innerhalb ihrer ausgedehnten Wirkungssphäre so oftmal höchst zweckgemäss bethätigen. Bei Erfüllung dieser Pflicht kann es sich nicht um die Erkenntnissthätigkeiten der Thiere handeln, weil dieselben von gar keiner Zweckmässigkeit und desshalb auch von keinem Instinkte beherrscht werden. Wohl tritt in den Organen der Erkenntnissvermögen eine hohe Zweckmässigkeit zu Tage, in ganz wundervoller, schon voraus berechneter Harmonie sind sie den zu erkennenden Objekten angepasst, — man denke beispielsweise nur an die komplizirten Organe des Gesichts- und Gehörsinnes und ihre vollkommene Uebereinstimmung mit den Gesetzen des Lichtes und des Schalles; aber die Thätigkeiten jener Vermögen sind aller Zweckmässigkeit baar und leer, können eine solche auch gar nicht manifestiren, weil sie keine zweckanstrebende Thätigkeiten darstellen. Indem sie verrichtet werden, bewegt sich das ihnen zugehörige Subjekt ja nicht zum Objekte als zu seinem Zweck und Ziele hin, es findet vielmehr das Umgekehrte statt, das zu erkennende Objekt bewegt sich gewissermassen zum erkennenden Subjekte

hin, insofern nämlich Ersteres ein Bild von sich in Letzteres hineinwirft. Wie sehr man also auch in Bezug auf ihre Einrichtung von der Zweckmässigkeit der Sinnesorgane reden darf, eine Zweckmässigkeit der Sinnesthätigkeit giebt es nicht. Daraus folgt, dass bei Beantwortung der Frage, wie die Zweckmässigkeit in den Thätigkeiten der Thiere aus dem Walten ihres Instinktes zu erklären sei, ihre Erkenntnissthätigkeiten gar nicht in Betracht kommen können, sondern bloss die Thätigkeiten ihres Begehrungs- und Bewegungsvermögens. Im Grunde genommen spielen indessen auch die Funktionen der Bewegung hier gar keine Rolle, höchstens eine sehr untergeordnete, weil nämlich das Vermögen der örtlichen Bewegung, — wenn es anders von dem des sinnlichen Begehrens mit Recht als sachlich verschieden zu betrachten ist, was ja Manche nicht einräumen wollen, — dermassen unter der Gewaltherrschaft des Begehrungsvermögens steht, dass es mit unabänderlicher Naturnothwendigkeit eine Bewegung der Glieder ganz genau so ausführt, wie sie dem jedesmaligen Begehren entspricht, unterstellt natürlich, dass die Glieder in normalem Zustande sich befinden und von keiner äussern Ursache in ihrer Bewegung gehemmt sind. Beim Thiere ist es hiemit nicht anders bestellt, als beim Menschen. Den Gliedern des Körpers werden ihre manchfaltigen Bewegungen von Seiten des Begehrungsvermögens auf gleiche Weise oktroirt, wie etwa ein Pfeil durch die Spannkraft des Bogens in Bewegung gesetzt wird und je nach dem Willen des Schützen diese oder jene Richtung annimmt, nur mit dem Unterschiede, dass die Einwirkung auf den Pfeil eine mechanische, die auf die Gliedmassen aber eine psychologisch-physiologische ist. Fällt also irgend eine Bewegung oder Handhabung der körperlichen Organe zweckmässig aus, so rührt Dies offenbar nicht aus dem Vermögen der örtlichen Bewegung her, sondern aus dem des sinnlichen Begehrens, welches jenem die betreffende Bewegung auftrug und sie von ihm vermittels Nerven- und Muskelreiz vollziehen liess. Durch diese vorausgeschickten Bemerkungen ist nun die Uebersicht und Einsicht in unsere Aufgabe um ein Wesentliches gefördert. Wissen wir jetzt ja ganz genau, in welches Vermögen des Thieres wir den sogenannten animalischen

Instinkt als eine besondere Naturanlage zu verlegen haben; es ist, wie schon früher[1]) gesagt worden, das Begehrungsvermögen.[2]) Demnach spitzt sich die Kernfrage unserer ganzen Abhandlung schliesslich dahin zu, wie und in welcher Weise die grosse Zweckmässigkeit im Rahmen des Thierlebens unter Zugrundelegung des animalischen, d. i. seinem Begehrungsvermögen anhaftenden Instinktes wissenschaftlich zu erklären sei.

19. Um bei der Beantwortung der also präzisirten Frage ebenso vorsichtig, als gewissenhaft zu Werke zu gehen, wollen wir die Arbeit theilen. Nehmen wir also zunächst diejenigen Fälle aufs Korn, in denen die Thiere unmittelbar und bloss zufolge eines sinnlichen Eindrucks, d. i. ausschliesslich in Folge der Erkenntniss eines ihrer äussern Sinne sich zweckmässig bethätigen, um zu sehen, wie diese Thätigkeiten unter dem Einflusse ihres animalischen Instinkts zu Stande kommen. Zu den Thätigkeiten besagter Art rechnen wir im Allgemeinen diejenigen, welche die Thiere vor und ohne alle Erfahrung verrichten, woran desshalb auch Gedächtniss und Phantasie derselben keinen Theil haben, die Thatsachen also, dass die Thiere, etwa das junge Rind auf der Weide und das eben erst aus dem Ei gekrochene Hühnchen, sofort nach dem ihnen entsprechenden Futter greifen, anderes aber vermeiden, ohne das Eine oder das Andere jemals vorher verkostet zu haben; dass die Thiere sofort den ihnen passenden Wohnort aufsuchen und finden, wie z. B. die Seeschildkröte, welche, kaum auf dem Lande von der Sonne ausgebrütet, alsbald nach dem Meere eilt; dass viele Thiere sich eine Wohnung einrichten, jedes entsprechend seiner besondern Natur und Art, ohne jemals eine ähnliche gesehen zu haben, wie z. B. die junge Spinne es thut; dass manche Thiere sich Nahrungsvorräthe für den Winter ansammeln, obgleich sie von einer Hungersnoth noch nie Etwas gelitten; dass die Zug-

[1]) S. 97.

[2]) Auch die vegetativen Kräfte des Thieres werden in ihrer Thätigkeit von einem Instinkte geleitet, der aber zum Unterschied von dem animalischen, wie der der Pflanze, als organischer oder vegetativer Instinkt bezeichnet wird.

vögel im Herbste von dannen ziehen und im Frühjahr zurückkehren und dabei jedes Mal ihr Ziel finden, auch wenn sie, wie der Kukuk, allein wandern; dass fast alle Thiere zur Zeit der Gefahr, ohne ihre Organe geprüft zu haben, sofort das geeignetste davon als Mittel zu ihrer Vertheidigung und Rettung gebrauchen; dass die Thiere insgesammt zur Brunstzeit nur Thiere von ihrer Art zur Paarung auswählen und dabei auf die zweckgemässeste Weise verfahren, obwohl die Männchen und Weibchen ein und der nämlichen Art nicht selten, wie z. B. die der Schmarotzerkrebse, an Gestalt und Farbe gänzlich von einander abweichen; dass viele Thiere ihren Jungen eine diesen wohlzusagende Nahrung besorgen, deren sie sich selbst niemals bedienen, wie z. B. die Holzwespe und der Todtengräber, u. s. w. u. s. w. All derartige Thätigkeiten sind nicht schwer zu erklären, zumal dann nicht, wenn wir auf analoge Vorgänge im Pflanzengebiete hinschauen.

20. Die Pflanzen treibt es von Natur aus mit unwiderstehlicher Wucht und Macht, die in ihnen ruhenden Kräfte der Vegetation stets spielen zu lassen. Der natürliche Hang und Drang, welcher, wie wir schon früher[1]) sagten, als treibendes Agens an der Wurzel dieser Kräfte liegt, lässt ihnen keine Rast, so dass sie jedes Mal sofort in Aktion übergehen, wenn eines ihrer Objekte vor sie in Schussweite kommt. Es nähren sich aber die Pflanzen nicht von allen Stoffen, welche rund um sie her in Luft und Erde sich vorfinden, sondern nur von sehr wenigen, ihrer Natur nach ganz bestimmten, von denjenigen, welche den betreffenden Pflanzen zu ihrer Erhaltung und Fortpflanzung dienlich sind, und diese saugen sie auch nicht in allen möglichen, sondern immer nur in ganz bestimmten, ihnen zusagenden Gewichtsmengen aus der Erde und der Luft auf, eine jede Pflanze nach ihrer Art; ebenso lassen sich die einzelnen Pflanzen nicht vom Blüthenstaube beliebiger Pflanzen befruchten, sondern nur von solchem, der ihnen von Pflanzen ihrer Art zugeweht oder zugetragen worden. Dass nun die Pflanzen bei all diesen und ähnlichen Vorgängen mit zweckmässiger

---

[1]) S. 97.

Auswahl verfahren, Dies verdanken sie der besondern Anlage oder Einrichtung ihrer vegetativen Vermögen, welche ja sämmtlich den Charakter eines Begehrungsvermögens tragen, sie schulden es ihrem vegetativen oder organischen Instinkt, demzufolge sie sich in der angegebenen Weise bethätigen müssen. Gleichwie nämlich die Kraft des Magneten von Natur aus so geartet und geordnet ist, dass er sich zufolge derselben an Eisenstücken jedes Mal wirksam erweist, allen anderen Stoffen gegenüber aber vollständig indifferent bleibt und absolut nicht anders aufzutreten vermag: so sind auch die Pflanzen durch den ihren Vermögen anhaftenden natürlichen Instinkt genöthigt, beim Entfalten ihrer Wirksamkeit stets das ihnen Nützliche zu ergreifen und zu verwerthen, das ihnen Schädliche aber zu vermeiden. Der Magnet erkennt das Eisen als solches nicht, wie er ja überhaupt Nichts erkennt, und dennoch greift er es immer richtig aus all den Dingen heraus, welche in seine Nähe gebracht werden, weil er sich mit seiner Kraft zufolge der ihr eigenthümlichen Natur gewissermassen nur in einem Schienengeleise bewegen und darum nicht in die Irre gehen kann. Ebenso treffen auch die Pflanzen stets richtig ihre Wahl unter all den Stoffen, von denen sie umgeben sind, ohne das ihnen Nützliche oder Schädliche als solches zu erkennen; sie können die Thätigkeit ihrer Vermögen nicht anders, als im Geleise und in der Richtung des ihnen einwohnenden Instinktes sich abspielen lassen, und der ist stets auf das ihnen Nützliche und Förderliche hin, von dem ihnen Schädlichen aber abgewendet. Mit diesem Seitenblick auf das Gebiet der Pflanzen haben wir die gesuchte Erklärung für die erste Serie zweckmässiger Thätigkeiten der Thiere schon gefunden; wir brauchen das über die Pflanzen Gesagte einfach nur, mutatis mutandis, auf die Thiere zu übertragen. So sei es denn.

21. Wie wir früher[1]) des Nähern auseinandergesetzt haben, liegt den Sinnen der Thiere die Funktion ob, im Akte der Erkenntniss die verschiedenen Gegenstände der Körperwelt ihrer Aehnlichkeit nach in sich aufzunehmen und sie dadurch zugleich

---

[1]) S. 124.

vor dem Begehrungsvermögen der Thiere als mögliche Ziele und Objekte ihrer manchfachen Neigungen und Abneigungen aufzustellen. Nicht alle Dinge der Natur sind nämlich den Thieren dienlich und förderlich, viele giebt es, die ihnen geradezu Schaden brächten oder wenigstens ihrem Wohlbefinden Eintrag thäten, falls sie begehrt und erreicht würden, und in der Mitte zwischen diesen beiden Extremen liegt noch eine Reihe von solchen Dingen, welche den Thieren weder nützlich noch schädlich sind. Es ahnen aber die Thiere nicht im Mindesten Etwas von der Nützlichkeit der an erster Stelle, noch von der Schädlichkeit der an zweiter, noch auch von der Indifferenz der an dritter Stelle genannten Dinge, geschweige denn, dass sie das Eine und Andere mit Klarheit erkännten und sich zum Bewusstsein brächten. Auf dass sie nun dennoch aus dem Kreise der wahrgenommenen Dinge stets Dasjenige anstreben, was der momentanen Neigung ihrer Natur entspricht, und sich an ihm auch so bethätigen, wie es gerade ihr augenblickliches Bedürfniss erheischt, auf dass sie mit andern Worten über die ganze Linie ihres Wirkens hin den verschiedenen Zwecken ihres Daseins gerecht werden, dazu dient ihnen der Instinkt, welcher als eine Mitgift der Natur in ihr Begehrungsvermögen niedergelegt ist. Sobald nämlich am Horizonte ihrer sinnlichen Wahrnehmung irgend ein Gegenstand auftaucht, der gerade zur Befriedigung eines ihrer augenblicklichen Bedürfnisse geeignet ist, leitet der Instinkt das schon wache Begehren mit Naturnothwendigkeit darauf hin, und nicht bloss Dies, zufolge des Subordinationsverhältnisses, in welchem das Vermögen der örtlichen Bewegung zu dem Begehrungsvermögen steht, treibt er die Thiere auch dazu an, ihre Gliedmassen in Bewegung zu setzen, den Gegenstand zu ergreifen und ihn der augenblicklichen Neigung gemäss zu gebrauchen. Ist sodann der Gegenstand für das momentane Bedürfen und Begehren der Thiere von keinem Belang, so äussert sich der Instinkt einfach gar nicht, und gleichgültig gehen die Thiere an dem Gegenstand vorüber. Sie fliehen ihn endlich, wenn er ihnen mit Schaden und Gefahr droht, weil dann der Instinkt mit Macht das Begehren von dem Gegenstande ablenkt.[1]) All Dies thun sie bewusstlos, willenlos, ganz ähnlich einem Magneten, dessen Nordpol im dunkeln Drange der Natur den Südpol eines andern Magneten anzieht, den Nordpol desselben aber abstösst, und einem nicht magnetischen Stücke Eisen wie jedem andern Körper gegenüber im Zustande der Ruhe verharrt. Wählen wir zur Verdeutlichung und Veranschaulichung des Gesagten ein Beispiel. Wenn gegen des Sommers Ende beim jungen Kukuk, welcher nach der Abreise seiner ältern Stammesgenossen noch eine Zeit lang zurückgeblieben, auf einmal die Wanderlust, besser gesagt, das Wanderfieber sich regt, dann treibt's und reisst's ihn unwiderstehlich fort aus seiner Heimat in ein fremdes, fernes Land, wo neue Frühlingsarbeiten und Frühlingsfreuden seiner schon harren, und eilends schwingt er sich in die Lüfte hinauf. Aber wo liegt jenes Land, und welches ist der Weg dahin? Keiner seiner Zunftgenossen ist mehr da, ihm den Weg zu zeigen, und von ihrem Flügelschlag ist keine Spur mehr in der leichtbeweglichen Luft zurückgeblieben. Dennoch findet er mit grösster Sicherheit die Route zu seinem neuen Quartier, indem er sich ohne alles Zaudern bewusstlos der Führung seines Instinktes überlässt. Er steuert nach der Richtung, in welche der Instinkt ihn einlenkt, geradeaus oder etwas seitlich gekehrt immer dem warmen Aequatorialstrom der Luft entgegen, der von Süden oder Südwesten kommt, weil der Instinkt ihn antreibt, stets das Gefühl des Angenehmen aufzusuchen und zu unterhalten, und er segelt solange dahin, bis in ihm der Wandertrieb gleich dem Wecker in einer Uhr abgelaufen ist.[2])

22. Richten wir nunmehr unsere Blicke auf eine zweite Gruppe von Zweckthätigkeiten der Thiere, auf diejenigen, welche unter Mitwirkung ihres Gedächtnisses und ihrer Phantasie zu Stande kommen, welche mit anderen Worten auf eine Erfahrung oder auf einem Unterrichte beruhen; denn dass auch den Thieren jene Vermögen eignen und bei ihnen ein Erfahren und Lernen stattfindet, kann

[1]) Vgl. L. Strümpell: A. a. O. S. 18 ff.

[2]) Vgl. die Zeitschrift „Natur und Offenbarung". Münster. Jahrg. 1878. S. 601 ff.

füglich nicht in Zweifel gezogen werden. Dieser Thätigkeiten giebt es im Lebenskreise der Thiere eine überaus grosse Zahl, und je nach den einzelnen Arten, ja selbst je nach den einzelnen Individuen derselben Art, sind sie unter einander sehr verschieden. Man könnte dieselben, wenn man sie durchaus klassifiziren wollte, in zwei Klassen eintheilen, erstens in solche, welche die Thiere ohne Weiteres aus sich lernen, und zweitens in solche, welche sie einem Unterrichte, einer Dressur von Seiten der Menschen verdanken; allein da diese Eintheilung nur eine rein äusserliche und für unsern vorliegenden Zweck ganz überflüssige ist, so nehmen wir Abstand von ihr. Es fragt sich also jetzt, wie die Zweckmässigkeit, welche in dieser zweiten Art von Thätigkeiten der Thiere aufleuchtet, aus dem Walten ihres animalischen Instinktes zu erklären sei. Um der anzustrebenden Erklärung einen psychologischen Unter- und Hintergrund zu geben, machen wir, ohne dabei von irgend einer Seite Widerspruch zu befürchten, eine doppelte Annahme. Vorerst nehmen wir an, dass jene zwei Vermögen beim Thiere im Wesentlichen auf ganz gleiche Weise funktioniren, wie beim Menschen. Hienach dient also auch dem Thiere das Gedächtniss dazu, um die Erkenntnissbilder der einmal wahrgenommenen Dinge in sich wie in einem Repositorium aufzubewahren, und die Phantasie oder Einbildungskraft dazu, um eben diese Erkenntnissbilder aus dem Schacht des Gedächtnisses wieder heraufzufördern und durch dieselben die ihnen entsprechenden aber abwesenden Dinge der Wirklichkeit vorzustellen.[1]) Und was das Vermögen der Phantasie noch insbesondere betrifft, so ist einerseits zu merken, dass es zweifelsohne beim Thiere, wie beim Menschen, seine Thätigkeit immer erst

[1]) Ob den Thieren auch ein Vermögen der Erinnerung zukomme, mittels dessen sie früherhin wahrgenommene Dinge, falls dieselben von Neuem in den Kreis ihrer Wahrnehmung eintreten, wiederzuerkennen im Stande sind, oder ob sie eines solchen Vermögens entrathen, das zu wissen, kann uns an hiesiger Stelle ganz gleichgültig sein. Denn wenn die Thiere ein solches Vermögen wirklich besitzen, so erklärt sich ja ihr zweckmässiges Wirken, welches sich an das Wiedererkennen anlehnt, aus dem Walten ihres animalischen Instinktes ganz gerade so, wie z. B. das sofortige Ergreifen der passenden Nahrung, wenn sie derselben zum ersten Male ansichtig werden. Im Uebrigen will es aber scheinen, als ob die Thiere eines

in Folge einer sinnlichen Wahrnehmung beginnt, und zwar einer solchen, mit welcher irgend ein im Gedächtniss aufbewahrtes Sinnenbild eine grössere oder geringere Aehnlichkeit besitzt, und anderseits, dass es in all den Fällen, wo es eine ganze Reihe von Vorstellungen früherhin wahrgenommener Dinge wachruft, jedes Mal, beim Thiere nicht anders, als beim Menschen, nach bestimmten Naturgesetzen, d. i. nach den Gesetzen der Ideenassoziation thätig ist. Zweitens machen wir dann die Annahme, dass die Thiere auf die Vorstellungen und Vorspiegelungen ihrer Phantasie mit ihrem Begehrungsvermögen ebenso spontan und unwillkürlich reagiren, wie auf die Wahrnehmungen ihrer Sinne; ist es ja auch bei dem Menschen bis zu einem gewissen Grade richtig, zu sagen, dass er den Bildern seiner Einbildungskraft und den Eindrücken seiner Sinne mit seinem niedern Begehrungsvermögen die gleiche Heeresfolge leistet. Nach diesen Auseinandersetzungen dürfen wir nunmehr getrost dazu übergehen, um auf ihnen wie auf einen felsigen Fundamente die Erklärung jener thierischen Zweckthätigkeiten zweiter Ordnung aufzubauen.

23. Folgt man dem Lauf all derartiger Thätigkeiten nach rückwärts bis an die Stelle, wo sie entspringen, so wird man stets die Entdeckung machen, dass eine jede von ihnen eine grössere oder kleinere Reihe von zusammenhängenden Vorstellungen zur Voraussetzung hat und unmittelbar aus derjenigen resultirt, welche in der betreffenden Reihe das Schlussglied bildet. Sobald nämlich das Thier mit einem seiner Sinne einen Gegenstand wahrnimmt, auf welchen die erste von mehreren zu einer Serie gehörigen Vorstellungen passt, steigt die Vorstellung eben dieses Gegenstandes mit psychologischer Nothwendigkeit aus der Tiefe des Gedächtnisses herauf; und da nun die Phantasie des Thieres nur eine unwillkürliche Thätigkeitsweise zu entfalten vermag, so folgen jener Vorstellung ohne Weiteres einzeln nach einander all diejenigen Vorstellungen, welche nach den Gesetzen der Ideenassoziation mit derselben

im eigentlichen Sinne so zu nennenden Wiedererkennens nicht fähig seien und desshalb auch die Erinnerungskraft mit dem Menschen nicht theilen. Näheres hierüber findet sich bei L. Strümpell: A. a. O. S. 34 f.

zusammenhängen, Vorstellungen von solchen Dingen also, welche früherhin räumlich neben oder zeitlich unmittelbar nach jenem Gegenstande wahrgenommen wurden. Ist endlich auch diejenige Vorstellung erneuert, welche in der betreffenden Vorstellungsreihe das Schlussglied bildet, so reagirt darauf das Begehrungsvermögen in derselben Weise und mit derselben Stärke, wie es früherhin in Folge der ihr entsprechenden Sinneswahrnehmung sich bethätigte. Natürlich gebraucht aber der Vorgang selbst nicht so viel Zeit, wie seine Beschreibung. Einige Beispiele sollen das Gesagte erläutern. Ein Hund, der die Tritte seines Herrn vor dem Zimmer auf dem Gange erschallen hört und gleich nach dessen Eintritt ins Zimmer mit Schlägen vom Sopha heruntergetrieben wird, springt, nachdem diese Scene sich einige Mal auf ganz die nämliche Weise abgespielt und dadurch dem Gedächtniss fest eingeprägt hat, auch schon dann vom Sopha herunter, wenn er seinen Herrn von Ferne herankommen hört. Denn diese Gehörsempfindung ist die Ursache, dass die Phantasie sofort die Gehörsvorstellung der früher wahrgenommenen Tritte erzeugt und nach den Gesetzen der Ideenassoziation daran die Vorstellungen vom Sichöffnen der Thüre, vom Hereintreten des Herrn, von dem zornigen Blicke und der aufgehobenen Hand desselben, von den niederfallenden Schlägen, von den damit verbundenen Schmerzen unwillkürlich anreiht; diese Vorstellung des Schmerzes treibt ihn dann ebenso mächtig an, das Sopha zu verlassen, wie vordem die Empfindung des Schmerzes. Analog verhält es sich mit einem Pferde, welches sämmtliche Bewegungen, die ihm sein Lehrmeister mit der Peitsche oder Stimme andeutet, sofort ganz richtig ausführt. Vorher hat ein solches Pferd schon die Peitsche in derselben Haltung gesehen und denselben Kommandoruf gehört, ist zugleich auch, weil es diese Zeichen nicht verstand und darum nicht zweckmässig oder gar nicht parirte, nach dieser oder jener Richtung hingezerrt und dazu noch mit Schlägen traktirt worden. Und da all diese Vorgänge in der nämlichen Reihenfolge sich einige Mal wiederholten, fixirten sich ihre Vorstellungen im Gedächtniss des Pferdes. Sobald es nun den betreffenden Ruf wiederum hört oder die bestimmte Haltung der Peitsche wiederum sieht, reproduzirt seine Phantasie zunächst die der früheren Wahrnehmung entsprechende Vorstellung und im Gefolge davon nach den Gesetzen der Ideenassoziation alle übrigen Vorstellungen in der Ordnung der anfänglichen Wahrnehmungen, zuletzt also die des Schmerzes, und daraufhin vollzieht es dann die von seinem Lehrmeister gewünschte Bewegung. Endlich noch ein Beispiel von unsern Haushühnern, denn aller guten Dinge sind drei, wie das Sprüchwort sagt. Haben unsere Haushühner ein und das andere Mal die Wahrnehmung gemacht, dass gleichzeitig mit einem bestimmten Lockrufe an der Stelle, von wo derselbe herkam, Futter für sie hingestreut wurde, so eilen sie hinführo auch aus der Ferne herbei, wo sie wohl noch den Lockruf hören, von Allem aber, was sie vordem zugleich mit dem Lockruf wahrnahmen, Nichts mehr sehen. Die neue Gehörsempfindung weckt nämlich im Gedächtnisse der Hühner sofort die Vorstellung desjenigen Lockrufs, womit die Sinneswahrnehmungen der Futterstelle, des Futterspenders und des Futters selbst verbunden waren, und da die Gesetze der Ideenassoziation gleich schon mit dem Erwachen der ersten Phantasievorstellung in Kraft treten und wirken, so schliessen sich an die Vorstellung jenes Lockrufs sofort auch die Vorstellungen der andern früherhin gleichzeitig mit ihm wahrgenommenen Dinge an, zuletzt also die Vorstellung des Futters; auf diese reagiren dann die Hühner spontan und unwillkürlich, indem sie eilends herbeifliegen, unterstellt freilich, dass sie das Bedürfniss nach Nahrung empfinden.

24. Aber nun fragt es sich noch, wie denn in den angeführten und ähnlichen Beispielen der animalische Instinkt der betreffenden Thiere zu seinem Recht gelange. Hier macht er sich nicht anders geltend, als überall dort, wo die Thiere lediglich in Folge einer Sinneswahrnehmung thätig sind, indem er sie nämlich in dem einen, wie in dem andern Falle entweder zu etwas ihnen Nützlichem und Förderlichem hin, oder aber von etwas ihnen Nachtheiligem und Schädlichem blindlings und mit Naturnothwendigkeit ablenkt. Gleichwie also ein futtersuchendes Huhn, welches mit seinem Gesichtssinne Dinge wahrnimmt, die ihm als Futter dienen, von seinem Instinkte sofort veranlasst wird, auf die betreffenden Objekte loszugehen und sie zu

ergreifen, ohne dass es um ihre Nützlichkeit Etwas weiss, so eilt es, von seinem Instinkte geleitet, auch dann auf solche Dinge zu, wenn sie ihm in einer Phantasievorstellung vorschweben, die durch die Gehörsempfindung des Lockrufs geweckt wird. Gleichwie ferner ein Pferd, wenn es durch Hin- und Herzerren, Stossen, Schlagen und dergl. Unbehaglichkeit oder Schmerz empfindet, instinktiv sofort nach der Seite sich wendet und hinbewegt, wo es den Quälereien entgeht, ganz ebenso instinktiv benimmt sich auch ein dressirtes Pferd, wenn ihm seine Phantasie, durch irgend ein Zeichen geweckt, die Vorstellung von solchen Quälereien aus dem Schatz des Gedächtnisses heraufholt, und führt damit dann zugleich, ohne es zu wissen und zu wollen, die von seinem Lehrmeister beabsichtigte Bewegung aus. Gleichwie endlich ein Hund zufolge des Schmerzes, den ihm Schläge verursachen, instinktiv von der Stelle wegeilt, wo er die Schläge erhält, und eine andere aufsucht, wo er vor solchen sicher ist, ebenso springt auch der Hund unsers obigen Beispiels vom Sopha herunter, weil sein Instinkt ihn antreibt, den von der Phantasie ihm vorgespiegelten, auf dem Sopha ihm drohenden Schlägen und Schmerzen nach der für ihn sichern Seite hin auszuweichen. Dass aber im ersten Falle das Huhn den Ort des vorgestellten Futters, dass im zweiten Falle das Pferd und im dritten der Hund den richtigen Ausweg findet, das verdanken sie ihrem Gedächtnisse, worin die Vorstellung dieser Dinge fest und treu aufbewahrt worden.

25. Ganz analog gestaltete sich die Erklärung für alle andern Zweckthätigkeiten der Thiere, welche auf einer Erfahrung oder einem Unterrichte beruhen, mögen dieselben auch noch so komplizirt und verstandesmässig aussehen, wofern es nur immer gelänge, die Faktoren zu ermitteln, welche bei der angesammelten Erfahrung oder dem ertheilten Unterrichte mitgewirkt haben. Als einen höchst werthvollen Beleg für die Wahrheit des soeben Gesagten möge man den interessanten Fall betrachten, den ein gewisser Th. Schumann in Tremmen bei Nauen beobachtet und analysirt hat; derselbe erzählt und erklärt ihn also:[1])

[1]) Siehe die zu Leipzig erscheinende Zeitschrift „Daheim". Jahrg. 1878. Nr. 19, S. 312.

„Ich habe zwei Hunde, einen kleinen hochbeinigen Stubenhund und einen ziemlich grossen Hofhund. Unmittelbar an den Hof schliesst sich der Garten an, in den man durch eine niedrige Lattenthür tritt, welche durch eine auf der Hofseite befindliche und durch einen Druck von unten nach oben sich öffnende Klinke geschlossen, ausserdem aber noch durch eine auf der Gartenseite sich befindliche und an den Thürpfosten festgehakte Schnur gehalten wird. Hier nun konnte man, so oft man wollte, Folgendes sehen. Sperrte man den kleinen Hund in den Garten und er wollte wieder heraus, so stellte er sich an die Pforte und bellte. Sofort lief dann der auf dem Hofe sich befindende grosse Hund herbei und hob mit der Nase die Thürklinke in die Höhe, während der kleine auf der Gartenseite in die Höhe sprang, und die Schnur mit den Zähnen fasste und durchbiss; worauf dann der grosse die Schnauze zwischen Thür und Pfosten klemmte, die Thür zurückschob und den kleinen herausliess. Jedenfalls scheint doch hier bei den Hunden Ueberlegung zu walten. Dennoch aber und obgleich die Hunde hierzu ganz von selbst, d. h. ohne alle menschliche Anleitung gekommen sind, bin ich in der Lage nachzuweisen, dass sich das Ganze nur aus zufälligen Erfahrungen zusammensetzt, denen die Hunde, ich möchte sagen bewusstlos, folgen. Der Hergang ist nämlich folgender. Als der grosse Hund noch jung war, wurde es ihm gestattet, gleich dem kleinen in den Garten zu gehen, und desshalb war meistens die Thüre nicht eingeklinkt, sondern nur angelehnt. Sah er nun jemand hineingehen, so folgte er, indem er die Schnauze zwischen Thür und Pfosten zwängte und die Thür auf diese Weise bei Seite schob. Als er gross geworden war, verbot ich ihn mitzunehmen. Es wurde nun die Thüre eingeklinkt. Natürlich wollte er nun folgen, wenn jemand hineinging, und versuchte auf die alte Weise zu öffnen, was aber nicht mehr anging. Da geschah es denn einmal bei diesen Versuchen, dass er mit der Nase etwas höher fuhr und von unten gegen die Klinke stiess, so dass diese sich aus dem Haken hob und die Thüre aufging. Von da ab machte er immer die nämliche Kopfbewegung an der Thür und natürlich mit demselben Erfolge. Er verstand nun die eingeklinkte Thür zu öffnen. Nun aber war der kleinere Hund als der ältere sein Lehrmeister in manchen Dingen gewesen, namentlich im Verfolgen von Katzen und im Fangen von Mäusen und Maulwürfen. Hörte er ihn irgendwo eifrig bellen, so eilte er sofort zu ihm. Geschah dies Bellen im Garten, so öffnete er die Pforte, um hineinzukommen. Indem aber der kleine, welcher herauswollte, sofort beim Aufgehen der Pforte zwischen seinen Füssen hindurch herauslief, so blieb er auch auf dem Hofe, und entstand so der Schein, als sei er hingelaufen mit der Absicht, ihn heraus zu lassen. Dass dieses nur Schein war, erhellte daraus, dass, wenn es dem kleinen Hund nicht gelang, sogleich heraus zu kommen, der grosse hineinlief und ihn suchend umkreiste, zum deutlichen Zeichen, dass er dort irgend etwas erwartet hatte. Um nun dieses Oeffnen zu hindern, brachte ich auf der Gartenseite die Schnur an, welche straff gezogen die Thür fest gegen den Pfosten gedrückt hielt, so dass, wenn der Hund die Klinke hochhob und dann wieder nachliess, diese jedesmal in den Haken zurück fiel. Das half denn auch eine ganze Zeit. Da geschah es einstmals, dass ich von einem Spaziergange, auf welchem mich der kleine Hund begleitet hatte, durch den Garten zurückkehrte, und als ich durch die Thüre ging, war dieser zurückgeblieben und wollte auch auf mein Pfeifen nicht kommen. Da es eben anfing zu regnen und ich wusste, wie unangenehm ihm das Nasswerden war, schloss ich die Thür, um ihn damit zu strafen. Ich hatte auch kaum die Hausthür erreicht, so stand er schon an der Pforte und fing, da auch der Regen stärker wurde, ganz jämmerlich an zu bellen und zu schreien. Der grosse, welcher den Regen nicht achtet, war sofort bei der Hand und versuchte alles mögliche, die Thür zu öffnen, aber natürlich vergebens. Fast verzweifelnd biss der kleine inwendig in die Thür und sprang zugleich in die Höhe, ob er nicht etwa hinüber käme. Dabei kam ihm die Schnur zwischen die Zähne und riss, worauf auch die Thür aufging. Nun wusste er es und zerbiss die Schnur jedesmal, wenn er heraus wollte, so dass ich sie anders legen musste. Dass übrigens der Hund, indem er die Klinke hoch hebt, nicht einmal weiss, dass die Klinke die Thür schliesst und das Aufheben derselben die Thür öffnet, sondern nur ganz bewusstlos den einmal geglückten Stoss mit der Nase wiederholt, erhellt aus folgendem: Die Thür nach dem Strohstall ist ganz auf gleiche Weise wie die Gartenthür durch eine Klinke geschlossen, die nur ein wenig höher sitzt, doch so, dass er sie gut erreichen kann. Auch hier wird der kleine bisweilen eingesperrt, und wenn er bellt, macht der grosse Hund auf sein Bellen alle möglichen Versuche, die Thür zu öffnen; es ist ihm aber noch nie eingefallen, die Klinke hoch zu stossen. Das Thier kann nicht Schlüsse machen, d. h. nicht denken."

26. So hätten wir denn an der Hand der Thatsachen den Nachweis vollständig und wohl auch unanfechtbar erbracht, dass sich mit Hülfe unserer Hypothese von dem animalischen Instinkte der Thiere all deren zweckgemässe Thätigkeiten, wenn auch nicht gerade immer leicht und einfach, so doch wenigstens ungezwungen und natürlich erklären lassen. Damit ist zugleich die objektive Wahrheit und Richtigkeit der Hypothese, die wir a priori festgestellt haben, a posteriori glänzend bestätigt. Nun erübrigt noch Eines, Dies nämlich, dass wir unwiderleglich darthun, wie auch die früher angeführten fünf Thatsachen, welche der Annahme eines thierischen Verstandes schnurstracks widerstreiten, zu der Hypothese eines animalischen Instinktes im friedlichsten Verhältnisse und schönsten Einklang stehen. Ist auch hiefür schlagend der Beweis geführt, so muss die subjektive Ueberzeugung von der alleinigen Richtigkeit unserer Hypothese sich um ein Bedeutendes vertiefen, oder besser gesagt, sich endgültig und unwiderruflich befestigen. Legen wir darum sofort Hand ans Werk, die früherhin angeführten Thatsachen aus dem animalischen Instinkte der Thiere zu erklären.

Erste Thatsache: Das Thier überlegt nicht. Da die Thiere zufolge ihres animalischen Instinktes von Natur aus jedes Mal auf das ihnen Nützliche hin und von dem ihnen Schädlichen abgelenkt, da sie mit andern Worten von ihrem Instinkte in allen Thätigkeiten nothgedrungenermassen auf Zweckmässiges hingeordnet werden, wenigstens auf das Zweckmässige, welches ihren eigenen Bedürfnissen und Neigungen entspricht, so begreift man wahrlich leicht, wesshalb sie vor ihrem Thun und Lassen nicht zu überlegen brauchen und darum auch faktisch niemals überlegen.

Zweite Thatsache: Viele Thiere übertreffen den Menschen durch die Vorsicht und Klugheit ihres Wirkens. Dass Dies der Fall ist und die betreffenden Thiere trotzdem unter dem Niveau der menschlichen Verstandesthätigkeit stehen bleiben, ist wiederum schlicht und einfach aus der Hypothese des animalischen Instinktes zu erklären. Jene Thiere wissen ja bei all ihren zweckmässigen Thätigkeiten, auch bei den zweckmässigsten, absolut Nichts von den angestrebten Zwecken, und dürfen wir ihnen darum auch nicht die Urheberschaft derselben zuschreiben. Der Mensch hingegen ist durch die Gabe seines Verstandes in der glücklichen Lage, sich der Zwecke aller seiner Thätigkeiten, nicht bloss der intellektuellen, sondern auch der sensitiven, ja sogar der vegetativen bewusst zu werden und obendrein auch noch selbst sich Zwecke von buntscheckiger Manchfaltigkeit zu setzen. So ist denn dem Menschen auch jenen Thieren gegenüber seine Würde und Krone als König der Natur gerettet.

Dritte Thatsache: Das Thier bedarf keines Unterrichtes, auf dass es zur vollen Entwickelung der ihm eigenthümlichen Fähigkeiten und Naturanlagen gelange. Auch Dies liegt in seinem Instinkt begründet. Folgt nämlich das Thier stets der Direktion des seinem Begehrungsvermögen anhaftenden Instinktes, welcher nach all seinen Richtungen für jede Thierart sich auf dieselbe Weise äussert, — und dessen Direktion muss es ja mit Naturnothwendigkeit sich fügen, — so kann es gar nicht ausbleiben, dass es, nachdem sein Organismus vollständig entwickelt ist, in der Bethätigung seiner Vermögen, in der Entfaltung seiner Lebensäusserungen mit allen Thieren seiner Art genau übereinstimmt. Es ist darum für dasselbe absolut von keinem Belang, ob es von seines Gleichen aufgezogen worden, oder nicht.

Vierte Thatsache: Das Leben des Thieres ist stabil. Diese Stabilität ist wiederum eine natürliche Folge des animalischen Instinkts. Denn wie soll ein Thier die Leistungen seiner Eltern und Ahnen überbieten oder hinter denselben zurückbleiben, wie soll es innerhalb der Wirkungsphäre seiner Art eines Fort- oder Rückschritts fähig, wie soll es gar andern

Thieren in ihren Produktionen nachahmen können, wenn es mit all seinen Kräften in den Zauberkreis einer Naturnothwendigkeit festgebannt ist und innerhalb desselben mit seinem Begehrungsvermögen sich nur auf denjenigen Geleisen hin und her bewegen kann, welche der Instinkt als unerbittlicher Weichensteller ihm anweist! Es muss Alles leisten, wozu seine Natur es treibt, und darüber kommt es auch nicht hinaus, ganz ähnlich einer Maschine, welche, wenn sie in Betrieb gesetzt wird, alle Bewegungen ausführt, welche durch die Konstruktion in sie hineingelegt worden, aber auch keine einzige mehr.

Fünfte Thatsache: Das Thier hat keine Sprache. Hiefür finden wir in der Hypothese von dem animalischen Instinkt die einfache Erklärung. Um andern Thieren die Empfindungen seiner Sinne und die Gefühle seines Begehrungsvermögens mitzutheilen, dazu genügen dem Thiere vollauf die instinktmässig ausgestossenen Naturlaute, weil hierauf die Thiere von derselben, oft auch von anderer Art, ebenfalls instinktiv und darum zweckmässig reagiren. Demnach bedürfen die Thiere keiner eigentlich so zu nennenden Sprache, und da die Natur nirgendwo etwas Ueberflüssiges schafft oder verleiht, so haben sie auch keine Sprache.

Sigillum veri simplex (die Einfachheit ist die Besiegelung der Wahrheit), so lautet die Inschrift auf dem Grabstein des berühmten holländischen Arztes Boerhave. Dieselben Worte könnte man jetzt mit kühner Hand unter die Hypothese von dem animalischen Instinkte des Thieres setzen, nachdem wir gesehen, dass sich mit Hülfe derselben obige fünf Thatsachen, welche ein direktes Zeugniss gegen das Vorhandensein eines thierischen Verstandes ablegen, in Wirklichkeit sehr einfach erklären lassen; an ihr hängt nunmehr das Beglaubigungssiegel ihrer objektiven Richtigkeit und Wahrheit.

Schlusswort.

1. Ganz allein durch ihren Instinkt und durch nichts Anders sind die Thiere in Stand gesetzt, mit den Dingen ihrer wechselnden Umgebung so harmonisch zu verkehren und an ihnen sich so zweckmässig zu bethätigen, dass es auf den ersten Blick in der That just den Anschein gewinnt, als ob sie die Natur der verschiedenen Dinge genau kännten und sich der manchfachen Beziehungen zu denselben klar bewusst wären. Von dem Einen wie von dem Andern wissen sie aber absolut Nichts, weil sie keine Vernunft, keinen Verstand besitzen. Diese Thatsache ist das Resultat unserer bisherigen Untersuchungen. Angesichts dieser merkwürdigen Thatsache muss sich nun jedem exakten Naturforscher, welcher den Trieb für wahre und echte Wissenschaft besitzt, ganz von selbst die Frage aufdrängen: Woher kommt es doch, dass die Instinkte der Thiere und die Objekte ihres Begehrens so zu einander passen, wie wenn sie Beide im Sinne einer prästabilirten Harmonie von vornherein auf einander hingeordnet wären? Welches ist die zuständige Ursache jener im Lebenskreise der Thiere ihnen unbewusst auftretenden Zweckmässigkeit? Denn Das ist ja über allen Zweifel hinaus gewiss, dass eine Zweckmässigkeit und Ordnung, die erwiesenermassen besteht, ohne einen Zwecksetzer und Ordner schlechterdings unmöglich ist, und ebenso gewiss ist es, dass dieser Zwecksetzer und Ordner die Gabe der Intelligenz besitzen muss, da nur ein intelligentes Wesen Zwecke ersinnen und setzen kann. Welches ist also jene Ursache?

2. Ein vor etwa zehn Jahren verstorbener Professor der Medizin an der Hochschule zu Würzburg sprach einmal in einer Vorlesung das grosse Wort gelassen aus, er sei der festen Meinung, dass die Maschinenbaukunst, welche heutzutage trotz ihrer

anscheinenden Vollkommenheit noch erst im Stadium der Kindheit sich befinde, mit der Zeit endlich dahin gelangen werde, Maschinen herzustellen, welche sich, gleich den Pflanzen und Thieren, auf dem Wege der Zeugung fortpflanzten. Ob er diesen Ausspruch im Zustande wissenschaftlicher Nüchternheit oder Trunkenheit gethan, mag dahin gestellt bleiben; genug, ein schallendes Halloh war die Antwort seiner ungläubigen Schüler, und es wird wohl kaum Jemanden auf Erden geben, der darein, wäre er zugegen gewesen, nicht aus voller Kehle miteingestimmt hätte. Allein es möge denn für den Augenblick einmal angenommen werden, dass es dem menschlichen Kunstfleiss endlich einmal gelinge, eine zeugungs- und fortpflanzungsfähige Maschine zu bauen. Was folgte daraus? Daraus folgte nothwendigermassen unter Anderm auch Dieses, dass die von ihr erzeugte Maschine jedenfalls nichts Mehr und nichts Anders zu leisten vermöchte, als Dasjenige, was der sinnige Werkmeister in die sie erzeugende durch die Konstruktion hineinlegte, und dass sie zufolge ihrer Einrichtung alle Bewegungen, zwar mit der höchsten Regelmässigkeit und Zweckmässigkeit, aber auch mit eiserner Nothwendigkeit vollzöge. Ebenso verhielte es sich mit den spätern Generationen jener ersten erzeugenden Maschine, unterstellt freilich, dass dieselben nicht allmälig degenerirten.

3. Wenn nun Jemand im Hinblick auf eine solche Maschine die Frage aufwürfe, wem sie die überaus grosse aber unbewusste Zweckmässigkeit ihrer manchfachen Verrichtungen zu danken habe, so könnte man doch wahrlich nicht umhin, auf den intelligenten Maschinenbauer hinzudeuten, welcher die erste Maschine der Art herstellte. So wird man auch, wenn man die eigentliche und zuständige Ursache für die Zweckmässigkeit im Umkreise des Thierlebens mit Liebe zur Wahrheit und ohne vorgefasste Meinung aufsucht, unvermerkt auf ein höchst intelligentes Wesen hingeführt, welches den Organismus der verschiedenen Thiere zu Anfang gebildet und eingerichtet, ihm zugleich auch die Fähigkeit und Kraft verliehen hat, sich mit der ihm eigenthümlichen Natur, mit den in ihr liegenden Trieben und Instinkten durch die Zeugung fortzupflanzen; man erkennt mit andern Worten auf unzweideutige Weise das Walten der

Weisheit Gottes, welcher da, um mit Aristoteles, dem Altmeister der Philosophie wie auch der Naturwissenschaft, zu reden, in jedes Wesen die ihm eigenthümliche Natur mit all ihren Trieben und Instinkten als den stereotypen Ausdruck seines Willens hineingelegt hat,[1]) so dass dasselbe, wenn es seinen Trieben und Instinkten folgt, den auf es selbst hinzielenden Willen Gottes manifestirt und zur Kenntnissnahme der Menschen bringt. Ueberschauen wir nun noch einmal den langgestreckten Weg unserer ganzen bisherigen Untersuchung, von seinem Eingange an, wo uns die Weltanschauung des Materialismus begegnete, bis hieher zu seinem letzten Ausgang, wo Gott, der Schöpfer aller Dinge, in der Höhe erscheint, so können wir nicht umhin, über jenen Weg gleichsam als leuchtendes Transparent den Ausspruch des grossen Leibniz auszuspannen:[2]) „Philosophia obiter libata a Deo abducit, profundius hausta reddit Creatori“ — die Philosophie, und mit ihr so manche andere menschliche Wissenschaft, wird sie nur oberflächlich betrieben, führt uns ab von Gott, dem Schöpfer giebt sie uns aber wieder, wenn wir sie von Grund aus zu erheben suchen.

---

[1]) Metaphys. l. 12, c. 10.

[2]) Opusc. de vera methodo philosophiae et theologiae.

Inhalt.

Zeitfracht Medien GmbH
Ferdinand-Jühlke-Straße 7
99095 Erfurt, Deutschland
produktsicherheit@kolibri360.de